职业教育机电类技能人才培养规划教材

ZHIYE JIAOYU JIDIANLEI JINENG RENCAI PEIYANG GUIHUA JIAOCAI

机电一体化专业系列

# 机电一体化概论
## （第2版）

□ 冯细香 主 编
□ 王黎黎 副主编
□ 张 燏 主 审

U0212841

人民邮电出版社

北 京

图书在版编目（CIP）数据

机电一体化概论 / 冯细香主编. -- 2版. -- 北京：
人民邮电出版社，2013.5（2022.7重印）
职业教育机电类技能人才培养规划教材
ISBN 978-7-115-30788-0

Ⅰ. ①机… Ⅱ. ①冯… Ⅲ. ①机电一体化－职业教育
－教材 Ⅳ. ①TH-39

中国版本图书馆CIP数据核字(2013)第024599号

## 内 容 提 要

　　本书从机电一体化系统的组成出发，介绍其各个组成部分的相关概念、技术原理、特点和作用。全书共 7 章，主要内容包括导论、机电一体化系统中的机械系统、现代检测技术的应用、机电一体化系统中的执行装置、接口技术、控制器及工业控制网络技术、机电一体化技术的应用。每章后都附有相关习题，供读者课后练习。

　　本书内容通俗易懂，理论紧密结合实践，可作为技工学校、技师学院和职业院校机电类专业基础课教材，也可作为相关从业人员的参考书。

职业教育机电类技能人才培养规划教材
机电一体化专业系列

### 机电一体化概论（第 2 版）

◆ 主　　编　冯细香
　　副 主 编　王黎黎
　　主　　审　张　熵
　　责任编辑　刘盛平

◆ 人民邮电出版社出版发行　　北京市丰台区成寿寺路 11 号
　　邮编　100164　电子邮件　315@ptpress.com.cn
　　网址　http://www.ptpress.com.cn
　　固安县铭成印刷有限公司印刷

◆ 开本：787×1092　1/16
　　印张：11.25　　　　　　　2013 年 5 月第 2 版
　　字数：285 千字　　　　　　2022 年 7 月河北第 19 次印刷

ISBN 978-7-115-30788-0

定价：25.00 元
读者服务热线：(010)81055256　印装质量热线：(010)81055316
反盗版热线：(010)81055315
广告经营许可证：京东市监广登字20170147号

随着机电一体化技术的发展，职业院校机电专业教学中存在的主要问题是传统的教学内容与其他专业课程重复较多。本书打破原来的学科知识体系，按机电一体化技术的结构来构建本课程的体系，用专业基础知识引导出相关专业知识，并用阐述相关设备的构造引出专业知识如何应用到专业实践中，以更好地做到理论与实践相结合。此次修订本着理论为实践服务，加强实践；应知为应会服务，加强应会；定量为定性服务，加强定性；基础知识为专业实践服务，加强专业实践的原则进行，删除陈旧过时、抽象的内容；努力直观反映新元件、新产品；加强定性分析和专业实践的阐述；突出专业技术的融合性、实用性、先进性。

本书是依据"机电一体化专业"课程的教学要求，并参考了企业的实际制造与控制机构的应用情况编写而成的。内容主要包括机电一体化系统导论，机电一体化系统中的机械部分、检测部分、控制器部分、执行装置和接口的介绍以及机电一体化技术的典型应用。每章后有大量的课后习题来指导学生自学本书内容和引导学生自学本课程相关专业技术知识，提高学生对机电一体化技术的自学能力。通过本课程的学习，使学生在今后的工作中具有多学科知识综合应用的能力。

本书既强调基础，又力求体现新知识、新技术和新工艺，文字表述简练、准确，采用大量实物图片，直观明了。本书所取的案例主要来自于企业。

本课程的参考教学课时为 60 学时，各章的教学课时可参考下面的课时分配表。

| 章　　　节 | 课　程　内　容 | 课　时　分　配 |
|---|---|---|
| 第 1 章 | 导论 | 4 |
| 第 2 章 | 机电一体化系统中的机械系统 | 6 |
| 第 3 章 | 现代检测技术的应用 | 8 |
| 第 4 章 | 机电一体化系统中的执行装置 | 8 |
| 第 5 章 | 接口技术 | 8 |
| 第 6 章 | 控制器及工业控制网络技术 | 8 |
| 第 7 章 | 机电一体化技术的应用 | 14 |
| | 机动 | 4 |
| 课　时　总　计 | | 60 |

本书由冯细香主编，并编写第 1 章、第 3 章、第 6 章、第 7 章和负责全书的统稿工作；王黎黎任副主编，并编写第 4 章、第 5 章；陈大浪编写第 2 章。张燏担任主审。本书的编写和审稿过程中，得到广东工业大学唐露新、顺德职业技术学院张钟、广东工业大学李锻能、广东技术师范学院杨振野、广东仲恺农业工程学院陈赛克、鹤山市信科电机有限公司技术主管罗祥明的大力支

持，并提出了许多宝贵的建议，在此表示衷心感谢。

　　由于编者水平有限，书中难免存在错误和不足之处，恳请广大读者批评指正。

　　　　　　　　　　　　　　　　　　　　　　　　　　　　　编者

　　　　　　　　　　　　　　　　　　　　　　　　　　　2012 年 10 月

目录 CONTENTS

# 第1章 1 导论

本章介绍了机电一体化的定义、机电一体化的作用、成熟的机电一体化系统，以及机电一体化的基础知识和展望等内容，还将介绍一些相关知识、应用实例等。

通过本章的学习，读者能够理解机电一体化与其他自动机械有什么关系，模仿和吸取了其中的哪些东西。

知识目标
◎ 了解机电一体化技术的产生与发展
◎ 掌握机电一体化系统的构成、基本功能要素及其相互之间的关系
◎ 了解机电一体化共性关键技术

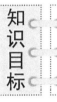

# 什么是机电一体化

机电一体化是以机械学、电子学和信息科学为主的多门技术学科在机电产品发展过程中相互交叉、相互渗透而形成的一门新兴边缘性技术学科，如图 1.1 所示。现实生活中的机电一体化产品比比皆是，本节从机电一体化产品入手，使读者对机电一体化技术有一个基本了解。

## 1.1.1 机电一体化产品

机电一体化包括机电一体化技术和机电一体化产品两个方面。机电一体化产品有时也称为机电一体化系统，它们是两个相近的概念，通常机电一体化产品是指独立存在的机电结合产品，而机电一体化系统主要指依附于主产品的部件系统，这样的系统实际上也是机电一体化产品。机电一体化产品是由机械系统（或部件）、电子系统（或部件）及信息处理单元（硬件和软件）有机结合、而赋予了新功能和新性能的高科技产品。由于在机械本体中"溶入"了电子技术和信息技术，因此与纯粹的机械产品相比，机电一体化产品的性能得到了根本性的提高，具有满足人们使用要求的最佳功能。机电一体化的实例如表 1.1 所示。

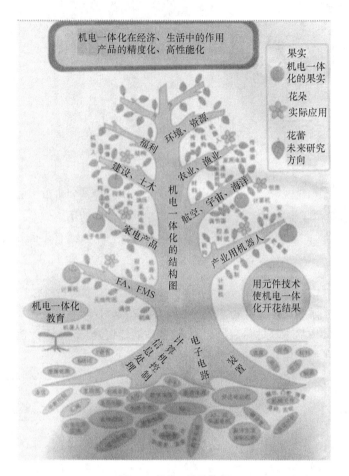

图 1.1　机电一体化技术

表 1.1　　　　　　　　　　　　　　　机电一体化的实例

| 由机械实现动作的装置 | ⟶ | 机电装置 |
|---|---|---|
| 发条式钟表 | ⟶ | 石英钟表 |
| 手动照相机 | ⟶ | 自动（微机控制）照相机 |
| 机械式缝纫机 | ⟶ | 电动（电子式）缝纫机 |
| 机械式游戏机 | ⟶ | 电动（电子式）游戏机 |
| 机械式调速器 | ⟶ | 电子式调速器 |
| 由人来判断决定动作装置转变为无人操作的装置 | | |
| 自动售货机、自动出纳机 ATM、自动售票机、无人仓库、自动导航装置等 | | |
| 按程序来实现灵活动作的装置 | | |
| 数控机床（CNC）、各种机器人等 | | |

　　机电一体化产品应用很广，在生产上用的机电产品有数控机床、机器人、自动生产设备、自动组合生产单元、柔性制造系统（FMS）、无人化工厂、计算机集成制造系统（CIMS）等；运输、包装及工程用的机电产品有微机控制汽车、机车等交通运输工具、数控包装机械及系统、数控运

输机械及工程机械设备等；储存、销售用的机电产品有自动仓库、自动空调与制冷系统及设备、自动称量、分选、销售及现金处理系统等；社会服务性用的机电产品有自动化办公设备、动力、医疗、环保及公共服务自动化设备、文教、体育、娱乐用机电一体化产品等；家庭用的机电产品有微机或数控型耐用消费品、炊事自动化机械、家庭用信息、服务设备等，在科研及过程控制用的机电产品有测试设备、控制设备、信息处理系统等。机电产品在农、林、牧、渔及其他民用设施中也应用很广，在航空、航天、国防用武器装备等领域更是大显身手。

**提示**　我们日常生活中使用的全自动洗衣机、空调器及全自动照相机，都是典型的机电一体化产品；在机械制造领域中广泛使用的各种数控机床、工业机器人、三坐标测量仪及全自动仓储也是典型的机电一体化产品；而汽车更是机电一体化技术成功应用的典范，目前汽车上成功应用和正在开发的机电一体化系统达数十种之多，特别是发动机电子控制系统、汽车防抱死制动系统、全主动和半主动悬架等机电一体化系统在汽车上的应用，使得现代汽车的乘坐舒适性、行驶安全性及环保性能都得到了很大的改善；在农业工程领域，机电一体化技术也在一定范围内得到了应用，如拖拉机自动驾驶系统、悬挂式农具的自动调节系统、联合收割机工作部件（如脱粒清选装置）的监控系统、温室环境自动控制系统等。

## 1.1.2　机电一体化概念

机电一体化又称机械电子学，英文为 Mechatronics，它是由英文机械学 Mechanics 的前半部分与电子学 Electronics 的后半部分组合而成。机电一体化最早出现在 1971 年日本杂志《机械设计》的副刊上，随着计算机技术的迅猛发展和广泛应用，机电一体化技术获得前所未有的发展。现在的机电一体化技术，是机械和微电子技术紧密集合的一门技术，它的发展使冷冰冰的机器具有了人性化和智能化（见图 1.2）。

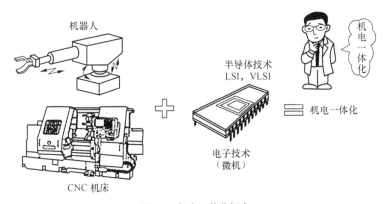

图 1.2　机电一体化概念

机电一体化技术是从系统工程的观点出发，将机械、电子、信息等相关技术有机地结合起来，以实现系统或产品整体最优的综合性技术。机电一体化技术主要包括技术原理和使机电一体化产品（或系统）得以实现、使用和发展的技术。机电一体化技术是一个技术群（族）的总称，包括检测传感技术、信息处理技术、伺服驱动技术、自动控制技术、机械技术及系统总体技术等。随着机电一体化技术的发展，以计算机技术、通信技术和控制技术为特征的信息技术"渗透"到机械技术中，丰富了机电一体化的含义，现代的机电一体化不仅仅指机械、电子与信息技术的结合，还包括光（光学）机电一体化、机电气（气压）一体化、机电液（液压）一体化、机电仪（仪器仪表）一体化等。机电一体化表达了技术之间相互结合的学术思想，强调各种技术在机电产品中的相互协调，以达到系统总体最优。换句话说，机电一体化是多种技术学科有机结合的产物，而不是它们的简单叠加。图1.3所示为机械手的组成结构。

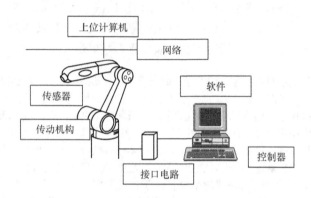

图1.3　机械手的组成结构

　　装有微型计算机的电视机和电饭煲等因为其工作原理在本质上是无运动的，所以不属于机电一体化产品。
　　使用机电技术应用名称时，注意不要与机电公司的机电相混，因为机电公司经营的水泵、电机不属于机电一体化技术的范围，因此在理解机电一体化的含义时，可以将"机电"一词模糊为"先进技术"。

　　机械的强度较高，输出功率大，可以承受较大的载荷，但实现微小运动和复杂运动比较困难。而在电子领域，利用传感器和计算机可以实现复杂的检测和控制，但只利用电子技术无法实现重载运动。将机械技术和电子技术相结合，可以在重载条件下实现微小运动和复杂运动。

## 1.1.3　机电一体化技术特点

　　机电一体化技术的本质是将电子技术引入机械控制中，也就是"利用传感器检测机械运动，将检测信息输入计算机，经计算得到能够实现预期运动的控制信号，由此来控制执行装置"，其中最关键的是"经计算得到能够实现预期运动的控制信号"。这项工作就是开发计算机软件。软件开发是指研究计算机程序的内容，并通过键盘将程序输入计算机，不需要用螺栓和螺母来重新组装机械，只用电烙铁焊接电子线路或者修改程序就可灵活地改变机械的运动。在计算机上，利用适当的软件进行控制，无论如何复杂的运动都可以实现。机电一体化技术具有以下的一些特点。

　　（1）体积小、重量轻。由于半导体、集成电路（Integrated Circuit，IC）技术和液晶技术的发展，使得控制装置和测量装置可以做成原来重量和体积的几分之一甚至几十分之一，迅速向轻型化和小型化发展。

　　（2）速度快、精度高。随着半导体和集成电路的飞速发展，出现了大规模集成电路（Large Scale Integrated circuit，LSI）和超大规模集成电路（Very Large Scale Integrated circuit，VLSI）。在电路集成度提高的同时，处理速度和响应速度也迅速提高，这样机电一体化装置总的处理速度就能够充分满足实际应用的需要。同时，由于机电一体化技术的应用，推动了超精密加工技术的进步，使其与高精度加工和精密运动控制相适应。

（3）可靠性高。由于激光和电磁应用技术的发展，传感器和驱动控制器等装置已采用非接触式代替接触式，避免了原来机械接触式存在的注油、磨损、断裂等问题，使可靠性得到大幅度提高。

（4）柔性好。从CNC机床和机器人的例子可以知道，通过计算机软件就可以任意确定动作。例如，只要改变程序就可以实现最佳运动；同样也可以很容易地增加新的运动，具有很强的可扩展性。因为不需要变更硬件就能够调整运动，所以能够很容易地适应多样化的新用途，在应用上非常方便。

机电一体化技术的上述各项特点，使得其产品具有节能、高质、低成本的共性。

 提示　机电一体化系统开发的主要内容是计算机软件开发，由于软件开发需要的时间比较短，改变程序也比较容易，通过程序控制可以实现各种复杂的运动，所以系统具有很强的柔性，设计也比较灵活。

# 1.2 机电一体化系统的基本构成

机电一体化系统是在传统机械产品的基础上发展起来的，是机械与电子、信息技术结合的产物，它除了包含传统机械产品的组成部分以外，还含有与电子技术和信息技术相关的组成要素。一般而言，一个较完善的机电一体化系统包括以下几个基本要素：机械本体、检测传感部分、电子控制单元、执行器和动力源，各要素之间通过接口联系。

机器人（见图1.4）是典型的机电一体化产品。下面以机器人为例来分析机电一体化系统的基本构成。

（1）机械本体。机器人的手指、手臂、手臂的连接部分和机座等是使机器人能够运动的机械结构。机械本体包括机架、机械连接、机械传动等。所有的机电一体化系统都含有机械部分，它是机电一体化系统的基础，起着支撑系统中其他功能单元，传递运动和动力的作用。

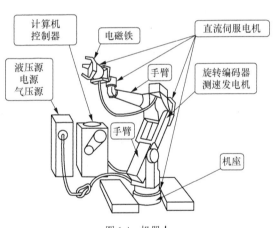

图1.4　机器人

与纯粹的机械产品相比，机电一体化系统的技术性能得到了提高、功能得到了增强，这就要求机械本体在机械结构、材料、加工工艺性、几何尺寸等方面能够与之相适应，具有高效、多功能、可靠和节能、小型、轻量、美观等特点。

（2）检测传感部分。在机电一体化系统中，检测传感部分包括各种传感器及其信号检测电路，其作用就是监测机电一体化系统工作过程中本身和外界环境有关参量的变化，并将信息传递给电子控制单元，电子控制单元根据检测到的信息向执行器发出相应的控制指令。机电一体化系统要求传感器的精度、灵敏度、响应速度和信噪比高；漂移小、稳定性高；可靠性好；不易受被测对象特征（如电阻、导磁率等）的影响；对抗恶劣环境条件（如油污、高温、泥浆等）的能力强；体积小、重量轻、对整机的适应性好；不受高频干扰和强磁场等外部环境的影响；操作性能好，现场维修处理简单；价格低廉。

（3）电子控制单元。电子控制单元（Electrical Control Unit,ECU）是机电一体化系统的核心，负责将来自各传感器的检测信号和外部输入命令进行集中、存储、计算、分析，根据信息处理结果，按照一定的程序和节奏发出相应的指令，控制整个系统有序地运行。机器人（见图1.4）根据来自旋转编码器或测速发电机的信号，判断机器人的当前状态，并计算和判断要达到所希望的状态，或者移动到某一目标如何动作。电子控制单元由硬件和软件组成，系统硬件一般由计算机、可编程控制器（PLC）、数控装置以及逻辑电路、A/D与D/A转换、I/O接口、计算机外部设备等组成；系统软件为固化在计算机存储器内的信息处理和控制程序，根据系统正常工作的要求编写。机电一体化系统对控制和信息处理单元的基本要求是提高信息处理速度、提高可靠性、增强抗干扰能力以及完善系统自诊断功能、实现信息处理智能化和小型、轻量、标准化等。

（4）执行器。执行器的作用是根据电子控制单元的指令驱动机械部件的运动，如图1.4中所示的驱动机座上的机体、手臂、手指等运动的电机和电磁铁等。执行器是运动部件，通常采用电力驱动、气压驱动和液压驱动几种方式。机电一体化系统一方面要求执行器效率高、响应速度快，同时要求对水、油、温度、尘埃等外部环境的适应性好，可靠性高。由于几何尺寸上的限制，动作范围狭窄，还需考虑维修和实行标准化。由于电工电子技术的高度发展，高性能步进驱动、直流和交流伺服驱动电机已大量应用于机电一体化系统。

（5）动力源。动力源是机电一体化产品能量供应部分，其作用就是按照系统控制要求向机器系统提供能量和动力，使系统正常运行，如图1.3中所示的驱动电机的电源和驱动液压系统、气压系统的液压源和气压源。提供能量的方式包括电能、气能和液压能，以电能为主。除了要求可靠性好以外，机电一体化产品还要求动力源的效率高，即用尽可能小的动力输入获得尽可能大的功率输出。

机电一体化产品的5个基本组成要素之间并非彼此无关或简单拼凑、叠加在一起，工作中它们各司其职、互相补充、互相协调，共同完成所规定的功能，即在机械本体的支持下，由传感器检测产品的运行状态及环境变化，将信息反馈给电子控制单元，电子控制单元对各种信息进行处理，并按要求控制执行器的运动，执行器的能源则由动力部分提供。在结构上，各组成要素通过各种接口及相关软件有机地结合在一起，构成一个内部合理匹配、外部效能最佳的完整产品。机电一体化系统的构成如图1.5所示。

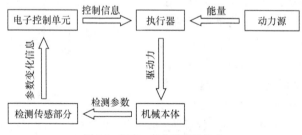

图1.5　机电一体化系统的构成

例如，我们日常使用的全自动照相机就是典型的机电一体化产品，其内部装有测光测距传感器，测得的信号由微处理器进行处理，根据信息处理结果控制微型电动机，由微型电动机驱动快门、变焦及卷片倒片机构，从测光、测距、调光、调焦、曝光到卷片、倒片、闪光及其他附件的控制都实现了自动化。

又如，汽车上广泛应用的发动机燃油喷射控制系统也是典型的机电一体化系统。分布在发动机上的空气流量计、水温传感器、节气门位置传感器、曲轴位置传感器、进气歧管绝对压力传感器、爆燃传感器、氧传感器等连续不断地检测发动机的工作状况和燃油在燃烧室的燃烧情况，并将信号传给电子控制装置（ECU），ECU 首先根据进气歧管绝对压力传感器或空气流量计的进气量信号及发动机转速信号，计算基本喷油时间，然后再根据发动机的水温、节气门开度等工作参数信号对其进行修正，确定当前工况下的最佳喷油持续时间，从而控制发动机的空燃比。此外，根据发动机的要求，ECU 还具有控制发动机的点火时间、怠速转速、废气再循环率、故障自诊断等功能。

再如，在敌方的导弹正向我方飞来的千钧一发时，一个理想的办法就是将这颗导弹在到达我方目标之前击落。但是，导弹飞行速度非常快，从发现它到反导弹系统瞄准它，发射出拦截导弹，并击中它，这一系列动作不仅要在瞬间完成，而且不得有丝毫差错。任何迟疑或差错都将造成重大灾难，因此，只有采用由计算机指挥的随动控制系统，即只有机电一体化的反导弹系统才能完成这项任务。反导弹系统的组成如图 1.6 所示。

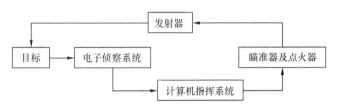

图 1.6　反导弹系统的组成

首先，电子侦察系统应及时地捕捉到敌方导弹正向我方飞来的信息，并将导弹的飞行参数、规格、性能等参数准确、迅速地送入计算机指挥系统。计算机指挥系统立即做出判断和决定，并将命令送到反导弹系统发射器的瞄准器和点火器，反导弹系统立即发射拦截导弹，并击中敌方导弹。

这里，反导弹系统中的发射器就是机械本体，整个系统的目的就在于使反导弹发射器能及时、准确地击中目标。计算机的控制指挥系统用来做决策和下达命令，电子侦察系统用做检测系统，执行机构是反导弹发射器中的瞄准器和点火器，它们根据计算机送来的命令，调整好瞄准器以控制导弹发射器的角度，并完成点火的动作，从而准确地拦截敌方的导弹。

# 1.3　机电一体化相关技术

机电一体化发展至今，已成为一门有着自身体系的新型学科，随着科学技术的不断发展，还将被赋予新的内容。

机电一体化是从系统的观点出发，综合运用机械技术、信息处理技术、系统技术、自动控制技术、传感检测技术、伺服传动技术等相关技术，根据系统功能目标和优化组织目标，合理配置与布局各功能单元，在多功能、高质量、高可靠性、低能耗的意义上实现特定功能价值，并使整个系统最优化的系统工程技术。由此而产生的功能系统，则成为一个机电一体化系统或机电一体化产品。机电一体化的相关技术如图 1.7 所示。

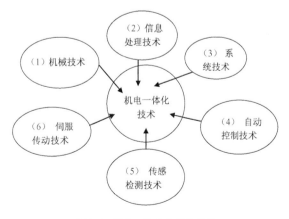

图 1.7　机电一体化的相关技术

（1）机械技术。机械技术是机电一体化技术的基础，机械技术的着眼点在于如何与机电一体化技术相适应，利用其他高新技术来更新概念，实现结构上、材料上、性能上的变更，满足减小重量、缩小体积、提高精度、提高刚度及改善性能的要求。机械手与人手的比较如图1.8所示。

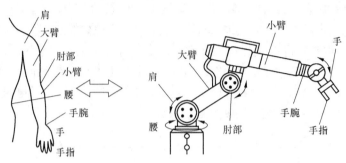

图1.8　机械手与人手的比较

在制造过程的机电一体化系统中，经典的机械理论与工艺应借助于计算机辅助技术，同时采用人工智能与专家系统等，形成新一代的机械制造技术。在这里，原有的机械技术以知识和技能的形式存在，是任何其他技术代替不了的，如计算机辅助工艺规程编制（CAPP）是目前CAD/CAM系统研究的瓶颈，其关键问题在于如何将广泛存在于各行业、企业、技术人员中的标准、习惯和经验进行表达和陈述，从而实现计算机的自动工艺设计与管理。

（2）信息处理技术。信息处理技术包括信息的交换、存取、运算、判断、决策等，实现信息处理的主要工具是计算机，因此，计算机技术与信息处理技术是密切相关的。计算机技术包括计算机硬件技术和软件技术、网络与通信技术、数据库技术等。在机电一体化产品中，计算机与信息处理装置指挥整个产品的运行，信息处理是否正确、及时，直接影响到产品工作的质量和效率，因此，计算机应用及信息处理技术已成为促进机电一体化技术和产品发展的最活跃的因素。人工智能、专家系统、神经网络技术等都属于计算机与信息处理技术。

（3）系统技术。用系统工程的观点和方法，将系统技术分解成相互有机联系的若干功能单元，并以功能单元为子系统继续分解，直至找到可实现的技术方案，然后再把功能和技术方案组合进行分析、评价、优选的综合应用技术。系统技术所包括的内容很多，接口技术是其重要内容之一，机电一体化产品的各功能单元通过接口连接成一个有机的整体。接口包括电气接口、机械接口和人—机接口。电气接口实现系统间电信号连接；机械接口则完成机械与机械部分、机械与电气装置部分的连接；人—机接口提供了人与系统间的交互界面。系统技术是最能体现机电一体化设计特点的技术，其原理和方法还在不断地发展和完善之中。机电一体化系统接口功能如图1.9所示。

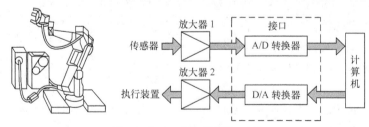

图1.9　机电一体化系统接口功能

（4）自动控制技术。自动控制技术包括自动控制理论、控制系统设计、系统仿真、现场调试、可靠运行等从理论到实践的整个过程。由于被控对象种类繁多，所以自动控制技术的内容极其丰富，包括高精度定位控制、速度控制、自适应控制、自诊断、校正、补偿、示教再现、检索等控制技术，自动控制技术的难点在于自动控制理论的工程化与实用化，这是由于现实世界中的被控对象往往与理论上的控制模型之间存在较大差距，使得从控制设计到控制实施往往要经过多次反复调试与修改，才能获得比较满意的结果。由于微型机的广泛应用，自动控制技术越来越多地与计算机控制技术联系在一起，成为机电一体化中十分重要的关键技术。

（5）传感检测技术。传感与检测技术指与传感器及其信号检测装置相关的技术。在机电一体化产品中，传感器就像人体的感觉器官一样，将各种内、外部信息通过相应的信号检测装置感知并反馈给控制及信息处理装置，因此传感与检测是实现自动控制的关键环节。机电一体化要求传感器能快速、精确地获取信息并经受各种严酷环境的考验，它是机电一体化系统达到高水平的保证。

（6）伺服传动技术。伺服传动技术的主要研究对象是执行元件及其驱动装置。执行元件有电动、气动、液压等多种类型，机电一体化产品中多采用电动式执行元件，其驱动装置主要是指各种电动机的驱动电源电路，目前多采用电力电子器件及集成化的功能电路构成。执行元件一方面通过电气接口向上与微型机相连，以接受微型机的控制指令；另一方面又通过机械接口向下与机械传动和执行机构相连，以实现规定的动作。伺服驱动技术是直接执行操作的技术，对机电一体化产品的动态性能、稳态精度、控制质量等具有决定性的影响。常见的伺服驱动有电液电动机、脉冲液压缸、步进电动机、直流伺服电动机和交流伺服电动机。由于变频技术的进步，交流伺服驱动技术取得突破性进展，为机电一体化系统提供高质量的伺服驱动单元，极大地促进了机电一体化技术的发展。

综上所述，机电一体化是在传统技术的基础上由多种技术学科相互交叉、渗透而形成的一门综合性边缘性技术学科，所涉及的技术领域非常广泛。要深入进行机电一体化研究及产品开发，就必须了解并掌握这些技术。

# 1.4　机电一体化的发展状况

机电一体化是集机械、电子、光学、控制、计算机、信息等多学科的交叉综合，它的发展和进步依赖并促进相关技术的发展和进步。

## 1.4.1　机电一体化技术的发展历程

与其他科学技术一样，机电一体化技术的发展也经历了一个较长期的过程。有学者将这一过程划分为萌芽阶段、快速发展阶段和智能化阶段 3 个阶段，这种划分方法真实客观地反映了机电一体化技术的发展历程。

（1）萌芽阶段。20 世纪 70 年代以前的时期为萌芽阶段。在这一时期，尽管机电一体化的概念没有正式提出来，但人们在机械产品的设计与制造过程中总是自觉或不自觉地应用电子技术的初步成果来改善机械产品的性能，特别是在第二次世界大战期间，战争刺激了机械产品与电子技术的结合，出现了许多性能优良的军事用途的机电产品。这些机电结合的军用技术在战后转为民用，对战后经济的恢复和技术的进步起到了积极的作用。

（2）快速发展阶段。20 世纪 70 年代到 80 年代为快速发展阶段。在这一时期，人们自觉地、主动地利用 3C 技术的成果创造新的机电一体化产品。在这一阶段，日本在推动机电一体化技术的发展方面起了主导作用。日本政府于 1971 年 3 月颁布了《特定电子工业和特定机械工业振兴临时措施法》，要求企业界"应特别注意促进为机械配备电子计算机和其他电子设备，从而实现控制的自动化和机械产品的其他功能"。经过几年的努力，取得了巨大的成就，推动了日本经济的快速发展。其他西方发达国家对机电一体化技术的发展也给予了极大的重视，纷纷制定了有关的发展战略、政策和法规。我国机电一体化技术的发展也始于这一阶段，从20世纪80年代开始，原国家科委和原机械电子工业部分别组织专家根据我国国情对发展机电一体化的原则、目标、层次、途径等进行了深入而广泛的研究，制定了一系列有利于机电一体化发展的政策法规，确定了数控机床、工业自动化控制仪表、工业机器人、汽车电子化等15个优先发展领域及6项共性关键技术的研究方向和课题，并明确提出要在2000年使我国的机电一体化产品产值比率（即机电一体化产品总产值占当年机械工业总产值的比值）达到15%～20%的发展目标。

（3）智能化阶段。从20世纪90年代开始为智能化阶段。在这一阶段，机电一体化技术向智能化方向迈进，其主要标志是模糊逻辑、人工神经网络、光纤通信等领域的研究成果应用到机电一体化技术中。模糊逻辑与人的思维过程相类似，用模糊逻辑工具编写的模糊控制软件与微处理器构成的模糊控制器，它广泛应用于机电一体化产品中，进一步提高了产品的性能。例如，采用模糊逻辑的自动变速箱控制器，可使汽车性能与司机的感觉相适应，用发动机的噪声、道路的坡度、速度、加速度等作为输入量，控制器可以根据这些输入数据找出汽车行驶的最佳方案。除了模糊逻辑理论外，人工神经网络（Artificial Neural Network，ANN）也开始应用于机电一体化系统中。ANN是研究了生物神经网络（Biological Neural Network，BNN）的结果，是对人脑的部分抽象、简化和模拟，反映了人脑学习和思维的一些特点。同时，ANN是一种信息处理系统，它可以完成一些计算机难以完成的工作，如模式识别、人工智能、优化等；也可以用于各种工程技术，特别适用于过程控制、诊断、监控、生产管理、质量管理等方面。可以说，智能化将是本世纪机电一体化技术发展的方向。光纤通信是光纤传送信号的一种通信手段。光纤通信的特点是通信容量大，比电通信容量大千万倍，在两根光纤上可以传递万路电话，或上千路电视；保密性能好，抗干扰性很强。光纤通信已广泛用于电信、电视等部门。它还用于工业生产现场监视和调度、交通监视控制指挥，如在飞机内、飞船内、舰艇内、矿井下、电力部门、军事及有腐蚀和有辐射等地方使用。

 提示　　3C技术是计算机技术，通信技术和电子技术。

## 1.4.2　机电一体化技术的展望

### 1. 智能化

智能化是21世纪机电一体化技术发展的一个重要发展方向。人工智能在机电一体化建设中的研究日益得到重视，机器人与数控机床的智能化就是重要应用。这里所说的"智能化"是对机器行为的描述，是在控制理论的基础上，吸收人工智能、运筹学、计算机科学、模糊数学、心理学、生理学、混沌动力学等新思想、新方法，模拟人类智能，使它具有判断推理、逻辑思维、自主决策等能力，以求得到更高的控制目标。

图1.10所示为移动机器人的组成系统。在这个系统中包括传感器、移动机构、决策路径的计算机、移动控制器等部分，构成了完整的机电一体化系统。这种机器人被设计成智能型机器人，其中在计算机内部实现的知识库、路径规划、导向指令、移动导向等路径处理部分占了整个系统

的一大半。机电一体化系统将向这种"头脑发达"的方向发展。

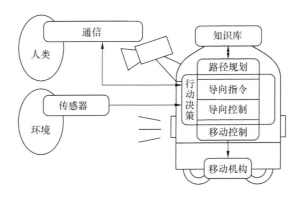

图 1.10 移动机器人的组成系统

诚然，使机电一体化产品具有与人完全相同的智能是不可能的，也是不必要的。但是，高性能、高速的微处理器使机电一体化产品赋有低级智能或人的部分智能，则是完全可能而又必要的。

2. 模块化

模块化是一项重要而艰巨的工程。由于机电一体化产品种类和生产厂家繁多，研制和开发具有标准机械接口、电气接口、动力接口、环境接口的机电一体化产品单元是一项十分复杂但又是非常重要的事，如研制集减速、智能调速、电机于一体的动力单元，具有视觉、图像处理、识别、测距等功能的控制单元，以及各种能完成典型操作的机械装置。这样，可利用标准单元迅速开发出新产品，同时也可以扩大生产规模。这需要制定各项标准，以便各部件、单元的匹配和接口。

3. 网络化

20 世纪 90 年代，计算机技术等的突出成就是网络技术。网络技术的兴起和飞速发展给科学技术、工业生产、政治、军事、教育以及人们日常生活都带来了巨大的变革。各种网络将全球经济、生产连成一片，企业间的竞争也将全球化。机电一体化新产品一旦研制出来，只要其功能独到，质量可靠，很快就会畅销全球。由于网络的普及，基于网络的各种远程控制和监视技术方兴未艾，而远程控制的终端设备本身就是机电一体化产品。数控机床的网络化如图 1.11 所示。

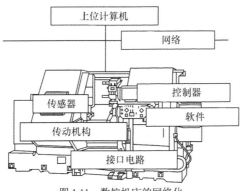

图 1.11 数控机床的网络化

现场总线和局域网技术使家用电器网络化已成大势，利用家庭网络将各种家用电器连接成以计算机为中心的计算机集成家电系统，使人们在家里分享各种高技术带来的便利与快乐。因此，机电一体化产品无疑朝着网络化方向发展。

### 4. 微型化

微型化兴起于 20 世纪 80 年代末，指的是微型机电一体化系统高度融合了微机械技术、微电子技术和软件技术，是机电一体化的一个新的发展方向。国外称其为微电子机械系统（MEMS），泛指几何尺寸不超过 $1cm^3$ 的机电一体化产品，并向微米、纳米级发展。微机电一体化产品体积小、耗能少、运动灵活，在生物医疗、军事、信息等方面具有不可比拟的优势。微机电一体化发展的瓶颈在于微机械技术，微机电一体化产品的加工采用精细加工技术，即超精密技术，包括光刻技术和蚀刻技术两类。

随着微细加工技术的发展，也出现了超小型的机械结构。如 $1mm^3$ 大小的电动机就是其中一个例子。在必须进行微小运动的工作中，就需要利用这种超小型的机械来开发机电一体化系统。

### 5. 绿色化

工业的发达给人们生活带来了巨大变化。一方面，物质丰富，生活舒适；另一方面，资源减少，生态环境受到严重污染。于是，人们呼吁保护环境资源，回归自然。绿色产品概念在这种呼声下应运而生，绿色化是时代的趋势。绿色产品在其设计、制造、使用和销毁的过程中，符合特定的环境保护和人类健康的要求，对生态环境无害或危害极少，资源利用率极高。设计绿色的机电一体化产品，具有远大的发展前途。机电一体化产品的绿色化主要是指使用时不污染生态环境，报废后能回收利用。

### 6. 系统化

系统化的表现之一就是系统体系结构进一步采用开放式和模式化的总线结构。系统可以灵活组态，进行任意剪裁和组合，同时寻求实现多子系统协调控制和综合管理；表现之二是通信功能的大大加强，一般除 RS232 外，还有 RS485、DCS 人格化。未来的机电一体化更加注重产品与人的关系，机电一体化的人格化有两层含义：一层是机电一体化产品的最终使用对象是人，如何赋予机电一体化产品人的智能和情感，人性显得越来越重要，特别是对家用机器人，其高层境界就是人—机一体化；另一层是模仿生物机理，研制各种机电一体化产品。事实上，许多机电一体化产品都是受动物的启发研制出来的。

例如，人们利用蛙跳的原理设计了蛤蟆夯；模仿警犬的高灵敏嗅觉制成了用于侦缉的"电子警犬"；根据水生动物尾鳍摆动式推进系统的生物力学原理，设计出一种摆动板推进系统，它不仅可以使船只十分灵活地转弯和避开障碍，还可以顺利地通过浅水域或沙洲而不搁浅。

在自适应方面最先遇到的问题就是如何能够掌握周围状态和环境的变化。要了解环境的变化，就需要传感器。而且了解环境需要考虑多种因素，所以只用一个传感器往往无法正确检测环境变化，必须用多个传感器从多方位进行检测，互相配合，并将各传感器的信号进行综合才能够获得确切的环境变化信息。这样，就要用到传感器组合技术。

在适应环境的同时还要控制机械运动，因此必须有能够完成高智能化处理的计算机及其软件。这就需要有按人工智能原理设计的、能够代替人类进行思考的计算机系统。

# 1.5 机电一体化实例

## 一、数控机床

数控机床及相应的数控技术经过 40 年的发展，在结构、功能、操作和控制精度上都有迅速提高，具体表现在：①总线式、模块化、紧凑型的结构，即采用多 CPU、多路总线的体系结构。②开放性设计，即硬件体系结构和功能模块具有层次性、兼容性、符合接口标准，能最大限度地提高用户的使用效益。③WOP 技术和智能化。系统能提供面向车间的编程技术和实现二、三维加工过程的动态仿真，并引入在线诊断、模糊控制等智能机制。④大容量存储器的应用和软件的模块化设计，不仅丰富了数控功能，同时也加强了 CNC 系统的控制功能。⑤能实现多过程、多通道控制，即具有一台机床同时完成多个独立加工任务或控制多台和多种机床的能力，并将刀具破损检测、物料搬运、机械手等控制都集成到系统中去。⑥系统的多级网络功能，加强了系统组合及构成复杂加工系统的能力。⑦以单板、单片机作为控制机，加上专用芯片及模板组成结构紧凑的数控装置。

## 二、工业机器人

第 1 代机器人亦称示教再现机器人，它们只能根据示教进行重复运动，对工作环境和作业对象的变化缺乏适应性和灵活性；第 2 代机器人带有各种先进的传感元件，能获取作业环境和操作对象的简单信息，通过计算机处理、分析，做出一定的判断，对动作进行反馈控制，表现出低级智能，已开始走向实用化；第 3 代机器人即智能机器人，具有多种感知功能，可进行复杂的逻辑思维、判断和决策，在作业环境中独立行动，与第 5 代计算机关系密切。

## 三、全自动照相机

一般说来，摄影技术是比较复杂的，完成一次拍摄需要根据现场光线的强弱、季节、时间和地点等因素来确定光圈的大小，再由目标的远近确定距离等进行一系列操作。

全自动照相机问世以后，所有的复杂操作都被简化了。人们只要对准目标，按一下快门即可完成拍摄并可得到曝光准确的作品。

全自动照相机是个典型的机电一体化产品。因为它是自动的，可以自动地根据现场光线的强弱、对象的远近选择恰当的光圈、焦距和速度进行曝光。这些功能都是由其中的计算机进行判断，然后由自动光圈调节器和自动焦距调节器进行自动调节而实现的。在全自动照相机上还有测光器、测距器等检测部分。

全自动照相机的性能远远超过了老式照相机，而它的结构又远比老式照相机轻巧，这首先要归功于计算机的应用。计算机使用了微电子技术，它可以在一块只有手指尖那么大的小薄片上，刻上复杂的电路，并存入大量的程序，因此，在瞬间它就完成大量的运算，从而可以在极短的时间内对现场的光线强弱、距离远近作出及时而又准确的判断。这个功能是传统的照相机望尘莫及的。

老式照相机在测光线强弱时用的曝光表比怀表还要大，使用时要按严格的规定，在规定的位置和规定的方向测量，然后摄影者根据自己的经验作判断，最后再调整光圈，调整快门。在全自动照相机中，这一系列的操作都将自动完成。

如果没有微电子技术，就很难设想，用什么办法可以把大曝光表塞到老式照相机的壳体中而不增加照相机的体积；也很难设想，如果采用凸轮、继电器等传统的控制元器件实现照相机自动化，这台照相机将会有多大、多重。

全自动照相机中的机械部分和电子部分已形成一个不可分割的整体。电子技术可以简化机械结构，提高机械性能，因此可以说，机械部分既是自动照相机的主体，也是被控制的对象。可见，在机电一体化的产品或设备中对其机械部分有一定的特殊要求。显然，自动照相机中的机械结构应该更合理、更巧妙，其机械零件应该有更高的加工精度。

从这个例子中还可以看出，在全自动照相机中不但有精密的机械和复杂的电子线路，而且还有光电检测、液晶显示等先进技术，因此，它是一台综合先进技术的产品。

自动照相机中各种技术手段之间的关系也很明确，即都是为了得到满意的摄影效果。在机电一体化的产品或设备中把机械部分称为"机械本体"。全自动照相机中的机械本体与老式照相机的也不完全相同。

# 小结

机电一体化就是从系统工程的观点出发，将机械、电子和信息等有关技术有机结合起来，以实现系统或产品整体最优的综合性技术。机电一体化包括机电一体化技术和机电一体化产品。

（1）机电一体化系统的特点如下。

$$\text{特点}\begin{cases}\text{体积小、重量轻}\\ \text{速度快、精度高、可靠性高}\\ \text{柔性好}\end{cases}$$

（2）机电一体化系统的组成结构如下。

$$\text{组成结构}\begin{cases}\text{机械本体}\\ \text{检测传感部分}\\ \text{电子控制单元}\\ \text{执行器}\\ \text{动力源}\end{cases}$$

（3）机电一化技术的相关技术如图 1.12 所示。

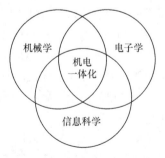

图 1.12　机电一化技术的相关技术

（4）机电一体化技术的发展阶段和发展趋势如下。

$$发展阶段 \begin{cases} 萌芽阶段 \\ 快速发展阶段 \\ 智能化阶段 \end{cases} \qquad 发展趋势 \begin{cases} 智能化 \\ 模块化 \\ 网络化 \\ 微型化 \\ 绿色化 \\ 系统化 \end{cases}$$

# 思考与练习

## 1. 判断题

（1）机电一体化系统设计中，机电产品必须完成相互协调的若干机械运动，每个机械运动可由单独的控制电机、传动件和执行机构组成的若干系统来完成，由计算机来协调与控制。

（　　）

（2）从概念的外延来看，机电一体化包括机电一体化技术和机电一体化产品两个方面。

（　　）

（3）机电一体化就是信息处理。（　　）

（4）机电一体化系统是一个自动控制系统。（　　）

（5）机电公司的电机属于机电一体化技术的范围。（　　）

（6）伺服驱动技术的主要研究对象是执行元件及其驱动装置。（　　）

（7）机电一体化是在传统技术的基础上由多种技术学科相互交叉、渗透而形成的一门综合性技术学科，所涉及的技术领域非常广泛。（　　）

（8）机电一体化是集机械、电子、光学、控制、计算机、信息等多学科的交叉综合，它的发展和进步依赖并促进相关技术的发展和进步。（　　）

（9）机电一体化技术的本质是将电子技术引入机械控制中，也就是"利用传感器检测机械运动，将检测信息输入计算机，经计算得到能够实现预期运动的控制信号，由此来控制执行装置"，其中最关键的是"经计算得到能够实现预期运动的控制信号"。（　　）

（10）机械技术是机电一体化的基础，机械技术的着眼点在于如何与机电一体化技术相适应，利用其他高新技术来更新概念，实现结构上、材料上、性能上的变更，满足减小重量、缩小体积、提高精度、提高刚度及改善性能的要求。（　　）

## 2. 选择题

（1）接口有 3 个基本功能，它们是（　　）。

    A．变换、放大、传递         B．变换、放大、转换

    C．变换、放大、控制         D．变换、放大、处理

（2）机电一体化技术是各种技术相互渗透的结果，下列技术不属于其主要相关技术的是（　　）。

    A．机械技术               B．检测传感技术

    C．自动控制技术          D．多媒体技术

（3）机电一体化系统由许多要素或子系统组成，各子系统之间要能顺利地进行物质、能量和信息

的传递和交换，必须在各要素或子系统的相接处具备一定的连接部件，这个连接部件就称为（　　）。

    A．传感检测单元　　B．执行单元　　　C．驱动单元　　　D．接口

（4）机电一体化技术的发展前景应从如下方面考虑，说法错误的是（　　）。

    A．从性能上　　　　B．从功能上　　　C．从层次上　　　D．从高技术的水平上

（5）机电一体化的概念是（　　）学者提出的。

    A．中国　　　　　　B．美国　　　　　C．德国　　　　　D．日本

（6）机电一体化产品是由机械系统（或部件）与电子系统（或部件）及信息处理单元（硬件和软件）有机结合、而赋予了新功能和新性能的（　　）。

    A．高科技产品　　　B．产品　　　　　C．科技产品　　　D．技术产品

（7）机电一体化表达了技术之间（　　）的学术思想，强调各种技术在机电产品中的相互协调，以达到系统总体最优。

    A．相互结合　　　　B．结合　　　　　C．相互合并　　　D．合并

（8）机电一体化技术的一些（　　）：体积小、重量轻；速度快、精度高；可靠性高；柔性好。

    A．特点　　　　　　B．本质　　　　　C．性质　　　　　D．性能

（9）（　　）的机械产品一般由动力源、传动机构、工作机构等组成。

    A．传统　　　　　　B．现在　　　　　C．将来　　　　　D．过往

（10）机器人的（　　）包括机架、机械连接、机械传动等。

    A．机械本体　　　　B．机械　　　　　C．本体　　　　　D．本质

### 3．填空题

（1）机电一体化是指_____和_____的有机结合。

（2）机电一体化主要的相关技术可以归纳成_____技术、_____技术、_____技术、_____技术伺服驱动技术和_____技术。

（3）机电一体化系统由4部分构成：_____、_____、_____和_____。

（4）机电一体化系统的指挥中心是_____。

（5）在机电一体化系统中，检测传感部分的作用就是_____和外界环境有关参量的变化，并将信息传递给_____单元，电子控制单元根据检测到的信息向执行器发出相应的控制____。

（6）_____包括计算机硬件技术和软件技术、网络与通信技术、数据库技术等。

（7）接口包括_____接口、_____接口和_____接口。

（8）_____技术包括自动控制理论、控制系统设计、系统仿真、现场调试、可靠运行等从理论到实践的_____过程。

（9）_____技术指与传感器及其信号检测装置相关的技术。

### 4．问答题

（1）什么是机电一体化？

（2）机电一体化的发展经历了哪几个阶段？各个阶段有何特点？

（3）机电一体化系统主要由哪几部分组成？各部分的功能是什么？

（4）举例分析机电一体化系统的组成及功能特点。

（5）机电一体化的共性关键技术有哪些？

# 第2章 机电一体化系统中的机械系统

本章将机电一体化系统分成机械传动和支撑部件两大部分，分别介绍较典型的传动部件、旋转和导向支撑部件等的总体布局、机构选型和结构设计的优化。

通过本章的学习，读者能够理解机电一体化的机械系统与普通机械有什么区别，模仿和吸取了其中的哪些东西。

**知识目标**

◎ 了解机电一体化技术常用的机械系统
◎ 掌握机电一体化机械系统的组成及特点
◎ 了解机电一体化先进机械构件

## 2.1 机械系统

一个典型的机电一体化系统通常由控制部件、接口电路、功率放大电路、执行元件、机械传动部件、导向支撑部件、检测传感部件等部分组成。这里所说的机械系统，一般由减速装置、丝杠螺母副、蜗轮蜗杆副等各种线性传动部件以及连杆机构、凸轮机构等非线性传动部件、导向支撑部件、旋转支撑部件、轴系及架体等机构组成。

机电一体化系统的机械系统是由计算机信息网络协调与控制的，与一般的机械系统相比，除要求具有较高的定位精度之外，还应具有良好的动态响应特性，即响应要快、稳定性要好。为确保机械系统的传动精度和工作稳定性，通常对机电一体化系统提出以下要求。

（1）高精度。精度直接影响产品的质量，尤其是机电一体化产品，其技术性能，工艺水平和功能比普通的机械产品都有很大的提高，因此，机电一体化系统的高精度是其首要的要求。

（2）快速响应性。即要求机械系统从接到指令到开始执行指令指定的任务之间的时间间隔短，这样控制系统才能及时根据机械系统的运行状态信息下达指令，使其准确地完成任务。

（3）良好的稳定性。即要求机械系统的工作性能不受外界环境的影响，抗干扰能力强。

此外还要求机械系统具有较大的刚度，良好的耐磨性、减摩性和可靠性，消震和低噪声，重量轻、体积小、寿命长。

机电一体化系统的机械系统与一般的机械系统相比可采取哪些具体措施?

## 2.2 机械运动

机电一体化的运动包括沿特定轴线旋转的旋转运动、沿规定轴线的直线运动以及平面运动等。

把某物体看做一点（质点）时的运动可以分为平面运动、螺旋运动、球面运动等。平面运动是指与某一平面平行移动的运动，包括旋转运动和线运动。旋转运动是指以平面为轴，并与该平面轴保持一定距离的平面运动；线运动是指在平面上沿直线或曲线移动的运动。前者称为直线运动，后者称为曲线运动。螺旋运动是指物体在围绕某一轴线做旋转运动的同时，还沿着该轴线做直线运动。球面运动是指物体在与圆心保持一定距离的球面上移动的运动。物体当其不受外力作用时，在平面上将处于静止状态；在外力的作用下，物体将会产生运动。根据所施外力的不同，物体的运动可分为等速运动、不等速运动、间歇运动等。等速运动是指物体的速度不随时间变化而保持恒定的运动，可分为单方向运动和往复运动两种；不等速运动是指物体的速度随时间而变化的运动，加速运动就是一种不等速运动；间歇运动是指每隔一定时间自行停止的运动。运动功能符号如表 2.1 所示。

表 2.1　　　　　　　　　　　　运动功能符号

| 名　　称 | 符　　号 | 名　　称 | 符　　号 |
| --- | --- | --- | --- |
| 直线运动（1） |  | 摆动（1） |  |
| 直线运动（2） |  |  |  |
| 旋转运动 |  | 摆动（2） |  |

## 2.3 机械零部件

一台机械要由很多零部件组成。具有代表性的主要机械零部件大体上可分为紧固零部件、传动零部件和支撑零部件，由这些零部件组成下面 3 大机械机构。

（1）传动机构。传动机构要考虑与伺服系统相关的精度、稳定性、快速响应等伺服特性。

（2）导向机构。导向机构要考虑低速爬行现象。

（3）执行机构。执行机构要考虑灵敏度、精确度、重复性和可靠性。

紧固零部件主要有螺栓、V 螺母、键、销、铆钉等，主要用于零部件之间的连接和紧固。由于在机械基础课程已介绍，这里不再赘述。本节将机电一体化机械系统分成机械传动和支撑部件两大部分，分别介绍较典型的传动部件、旋转和导向支撑部件等。

## 2.3.1 传动零部件

机电系统需要完成各种必要的运动，因此传递来自驱动装置能量（力和速度）的传动机构就十分重要。

提示

机电一体化系统对传动部件有下列要求。

（1）在不影响系统刚度的条件下，传动机构的质量和转动惯量要小。转动惯量大会增大系统的机械负载；转动惯量越大，系统响应速度会变慢，导致灵敏度降低；转动惯量越大，系统固有频率会下降，这样会产生谐振，使电气部分的谐振频率变低。

（2）刚度越大，伺服系统动力损失越小；刚度越大，机器的固有频率越高，不易振动；刚度越大，闭环系统的稳定性越高。

（3）机械系统产生共振时，系统中阻尼越大，最大振幅就越小，且衰减越快。但阻尼大会使系统损失动量，增大稳态误差，降低精度，故应选合适的阻尼。

（4）静摩擦力要尽可能小；动摩擦力应为尽可能小的正斜率，反之若为负斜率则容易产生爬行、降低精度、减少寿命。

齿轮传动是通过轮齿之间的相互啮合实现直接接触的传动方法。这种传动方法的传动比精确、传递功率大。带传动方法适用于主动轴和从动轴之间距离较大的场合，传动平稳，振动噪声小。但是，带传动方法利用摩擦力来传递力矩，容易产生打滑现象，不能精确传递运动。链传动与带传动在传递运动方面很相似，但由于不是利用摩擦力传递运动，所以传动效率较高。不过，这种传动方法容易产生振动和噪声，所以不适用于高速传动。链传动是将链轮安装于传动轴上，通过绕在链轮上的链来传递运动。链条由内链节和外链节相互连接构成，其中滚子链应用最多。常用齿轮的特点如表 2.2 所示。

表 2.2　　　常用齿轮的特点

| 种　类 | 特　点 | 种　类 | 特　点 |
|---|---|---|---|
| 平行轴齿轮 ①直齿轮 | 不存在轴向力，容易制造。应用最广泛 | ② 齿条 | 可以认为是一种圆柱体直径无限大的直齿轮 |
| ③内齿轮 | 主要用于行星齿轮装置以及齿轮型联轴器等 | ④ 斜齿轮 | 与直齿相比强度高、噪声小，但会产生轴向力 |

续表

| 种　类 | 特　点 | 种　类 | 特　点 |
|---|---|---|---|
| ⑤斜齿条 | 可以认为是一种圆柱体直径无限大的斜齿轮 | ⑥人字齿轮 | 左右两组斜齿轮的组合，不产生轴向力 |

| | 种　类 | 特　点 | 种　类 | 特　点 |
|---|---|---|---|---|
| 交叉轴齿轮 | ①直齿伞齿轮 | 制作比较容易，是传动系统中最常使用的伞齿轮 | ②螺旋齿轮 | 静音性好，但只适用于较轻负荷 |
| | ③圆柱蜗杆 | 用一级蜗轮蜗杆可以获得很大的减速比以及静音性好，但效率低 | ④螺旋齿伞齿轮 | 强度高、静音性的伞齿轮得到广泛应用，但其制作比较困难 |
| 特殊齿轮 | ①平面齿轮 | 是一种直齿轮或斜齿轮相互啮合的圆盘状齿轮。输入与输出为正交轴线或交错轴线 | ②鼓型齿轮 | 制作起来较困难，与圆柱蜗杆相比，能够传递的动力较大 |
| | ③偏轴伞齿轮 | 大小齿轮的轴线偏移，与螺旋齿伞齿轮相似，啮合非常复杂 | ④零扭曲角齿轮 | 兼有直伞齿轮与螺旋具伞齿轮的优点 |

## 1．谐波齿轮传动

　　谐波齿轮传动是建立在弹性变形理论基础上的一种新型传动，它的出现为机械传动技术带来了重大突破。图2.1所示为谐波齿轮传动的示意图，它由3个主要构件所组成，即具有内齿的刚轮1、具有外齿的柔轮2和波发生器3。这3个构件和少齿差行星传动中的中心内齿轮、行星轮和系杆相当。通常波发生器为主动件，而刚轮和柔轮之一为从动件，另一个为固定件。当波发生器装入柔轮内孔时，由于前者的总长

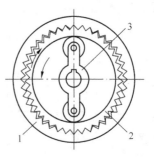

图2.1　谐波齿轮啮合原理

1—刚轮；2—柔轮；3—波发生器

度略大于后者的内孔直径，故柔轮变为椭圆形，于是在椭圆的长轴两端产生了柔轮与刚轮轮齿的两个局部啮合区；同时在椭圆短轴两端，两轮轮齿则完全脱开。至于其余各处，则视柔轮回转方向的不同，或处于啮合状态，或处于非啮合状态。当波发生器连续转动时，柔轮长、短轴的位置不断变化，从而使轮齿的啮合处和脱开处也随之不断变化，于是在柔轮与刚轮之间就产生了相对位移，从而传递运动。

谐波齿轮传动具有结构简单、齿轮侧隙小、传动比大（几十至几百）、传动精度高、回程误差小、噪声低、传动平稳、承载能力强、效率高等优点，故在工业机器人、航空、火箭等机电一体化系统中得到广泛应用。

2. 滚珠丝杠螺纹

滚珠丝杠螺纹是在丝杠和螺母滚道之间放入适量的滚珠，使螺纹间产生滚动摩擦。滚珠螺旋传动丝杠转动时，带动滚珠沿螺纹滚道滚动。由于滚珠丝杠的摩擦力小，所以常作为直线运动的驱动丝杠使用，如图 2.2 所示。

图 2.2　滚珠丝杠螺纹

 提示

滚珠螺旋传动与滑动螺旋传动或其他直线运动副相比，有下列特点。

（1）传动效率高。一般滚珠丝杠副的传动效率达 90%～95%，耗费能量仅为滑动丝杆的 1/3。

（2）运动平稳。滚动摩擦系数接近常数，启动与工作时的摩擦力矩差别很小。启动时无冲击，预紧后可消除间隙产生过盈，提高接触刚度和传动精度。

（3）工作寿命长。滚珠丝杠螺母副的摩擦表面为高硬度（HRC58～62）、高精度，具有较长的工作寿命和精度保持性。寿命为滑动丝杆副的 4～10 倍以上。

（4）定位精度和重复定位精度高。由于滚珠丝杆副摩擦小、温升小、无爬行、无间隙，通过预紧进行预拉伸以补偿热膨胀，因此，可达到较高的定位精度和重复定位精度。

（5）同步性好。用几套相同的滚珠丝杆副同时传动几个相同的运动部件，可得到较好的同步运动。

（6）可靠性高。润滑密封装置结构简单，维修方便。

（7）不能自锁。用于垂直传动时，必须在系统中附加自锁或制动装置。

（8）制造工艺复杂。滚珠丝杆和螺母等零件加工精度、表面粗糙度要求高，故制造成本较高。

滚珠丝杠螺纹除了对本身单一方向的传动精度有要求外，对其轴向间隙也有严格要求，以保证其反向传动精度。滚珠丝杠螺纹的轴向间隙是承载时在滚珠与滚道型面接触点的弹性变形所引起的螺母位移量和螺母原有间隙的总和。滚珠丝杠预紧的基本原理就是压缩滚珠和丝杠螺母之间的间隙，增加刚性，使滚珠丝杠副在运行过程中达到预期的精度。通常采用双螺母预紧或单螺母（大滚珠、大导程）的方法，把弹性变形控制在最小限度内，以减小或消除轴向间隙，并可以提高滚珠丝杠副的刚度。双螺母预紧原理如图 2.3 所示，①压缩预紧，通过两个螺母间的预压片，片小一点，将两个螺母紧紧拉在一起，达到预紧；②拉伸预紧，同压缩相反，预压片厚，挤压二螺母，分开螺母，达到预紧；③螺纹预紧，旋动两个螺母间的预调螺丝，是螺母相向或反向错动，达到预紧；④齿差预紧，在一个螺母和垫片上钻有几个空，用销子配合不同的孔达到预紧；⑤弹簧预紧。单螺母预紧原理如图 2.4 所示，①大钢珠预紧，钢珠比珠槽大，四点接触，以此达到预紧。②导程偏移预紧，即螺母里的珠槽，与螺杆上的珠槽，有反方向的一个位移差，以此来达到预紧。

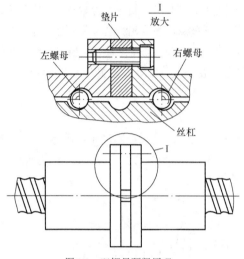

图 2.3　双螺母预紧原理

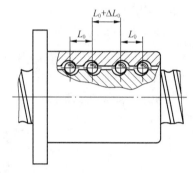

图 2.4　单螺母预紧原理

目前，制造的单螺母式滚珠丝杠副的轴向间隙达 0.05 mm，而双螺母式的经加预紧力调整后基本上能消除轴向间隙。调整轴向间隙时应注意以下两点。

（1）预紧力大小必须合适，过小不能保证无隙传动；过大将使驱动力矩增大，效率降低，寿命缩短。预紧力应不超过最大轴向负载的 1/3。

（2）要特别注意减小丝杠安装部分和驱动部分的间隙，这些间隙用预紧的方法是无法消除的，而它对传动精度有直接影响。

《滚珠丝杠副精度》（JB 316.2—82）标准规定分为 6 个等级：C、D、E、F、G、H。C 级最高，H 级最低。数控机床、精密机床和精密仪器用于进给系统时，根据定位精度和重复定位精度的要求，可选用 C、D、E 级等；一般动力传动，其精度等级偏低，可选用 F、G 级等。各类型机械精度等级要求，如表 2.3 所示。

表 2.3　　　　各类机械精度等级要求

| 机 械 种 类 | | 坐 标 方 向 | | | |
|---|---|---|---|---|---|
| | | $X$（横向） | $Y$（立向） | $Z$（纵向） | $W$（刀杆、镗杆） |
| 开环系统 | 数控压力机 | E | — | E | — |
| | 数控绘图机 | E | — | E | — |
| | 数控车床 | E、D | — | E | — |
| | 数控磨床 | D、C | — | D | — |
| | 数控线切割机 | D | — | D | — |
| | 数控钻床 | E | E、F | E | — |
| | 数控铣床 | D | D | D | — |
| | 数控镗床 | D、C | D、C | D、C | E |
| | 数控坐标镗床 | D、C | D、C | D、C | D |
| | 自动换刀数控机床 | D、C | D、C | D、C | E |

续表

| 机 械 种 类 | 坐 标 方 向 | | | |
|---|---|---|---|---|
| | $X$（横向） | $Y$（立向） | $Z$（纵向） | $W$（刀杆、镗杆） |
| 坐标镗床，螺纹磨床 | D、C | D、C | D、C | D |
| 仪表机床 | D、C | D、C | D、C | — |
| 普通机床，通用机床 | F | F | F | — |

丝杠的轴承组合及轴承座、螺母座以及其他零件的连接刚性，对滚珠丝杠副传动系统的刚度和精度都有很大影响，需在设计、安装时认真考虑。为了提高轴向刚度，丝杠支撑常用推力轴承为主的轴承组合，仅当轴向载荷很小时，才用向心推力轴承。除表 2.4 中所列特点外，当滚珠丝杠副工作时，因受热（摩擦及其他热源引起）而伸长，它对第 1 种支撑方式的预紧轴承将会引起卸载，甚至产生轴向间隙，此时与第 3 种、第 4 种支撑方式类似，但对第 2 种支撑方式，其卸载结果可能在两端支撑中造成预紧力的不对称，且只能允许在某个范围内，即要严格限制其温升，故这种高刚度、高精度的支撑方式更适宜于精密丝杠传动系统。普通机械常用第 3 种、第 4 种方案，其费用比较低廉，前者用于长丝杠，后者用于短丝杠。

表2.4 滚珠丝杠副支撑形式

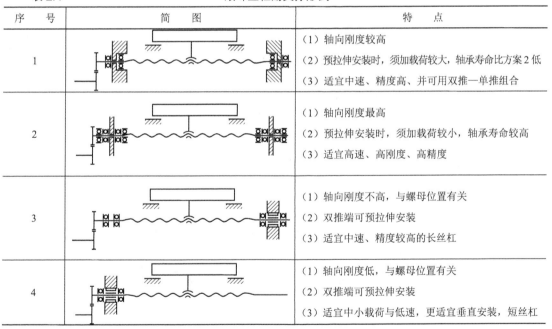

| 序　号 | 简　图 | 特　点 |
|---|---|---|
| 1 | | （1）轴向刚度较高<br>（2）预拉伸安装时，须加载荷较大，轴承寿命比方案2低<br>（3）适宜中速、精度高、并可用双推—单推组合 |
| 2 | | （1）轴向刚度最高<br>（2）预拉伸安装时，须加载荷较小，轴承寿命较高<br>（3）适宜高速、高刚度、高精度 |
| 3 | | （1）轴向刚度不高，与螺母位置有关<br>（2）双推端可预拉伸安装<br>（3）适宜中速、精度较高的长丝杠 |
| 4 | | （1）轴向刚度低，与螺母位置有关<br>（2）双推端可预拉伸安装<br>（3）适宜中小载荷与低速，更适宜垂直安装，短丝杠 |

滚珠丝杠螺纹和其他滚动摩擦的传动元件一样，应避免硬质灰尘或切屑污物进入，因此，必须有防护装置。如果滚珠丝杠副在机床上外露，应采取封闭的防护罩，如采用螺旋弹簧钢带套管、伸缩套管以及折叠式套管等。安装时将防护罩的一端连接在滚珠螺母的端面，另一端固定在滚珠丝杠的支撑座上。如果处于隐蔽的位置，则可采用密封圈防护。密封圈装在滚珠螺母的两端。接触式的弹性密封圈系用耐油橡胶或尼龙制成，其内孔做成与丝杠螺纹滚道相配合的形状。接触式密封圈的防尘效果好，但因有接触压力，使摩擦力矩略有增加。非接触式的密封圈又称迷宫式密封圈，是用硬质塑料制成，其内孔与丝杠螺纹滚道的形状相反，稍有间隙，这样可避免摩擦力矩，但防尘效果差。

## 爬行

爬行原理如图2.5所示。当丝杠1作极低的匀速运动时，工作台2可能会出现一快一慢或跳跃式的运动，这种现象称为爬行。爬行现象对机电一体化系统有很大的影响，在实际应用中，应尽量消除爬行现象。

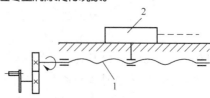

图2.5　爬行原理
1—丝杆；2—工作台

（1）提高传动系统的刚度可采用下列方法。

① 在条件允许的情况下，适当提高各传动件或组件的刚度，减小各传动轴的跨合理布置轴上零件的位置。例如，适当地加粗传动丝杠的直径，缩短传动丝杠的长度，减少和消除各传动副之间的间隙。

② 尽量缩短传动链，减小传动件数和弹性变形量。

③ 合理分配传动比，使多数传动件受力较小，变形也小。

④ 对于丝杠螺母机构，应采用整体螺母结构，以提高丝杠螺母的接触刚度和传动刚度。

（2）减少摩擦力的变化可采用下列方法。

① 用滚动摩擦、流体摩擦代替滑动摩擦，如采用滚珠丝杠、静压螺母、滚动导轨、静压导轨等，从根本上改变摩擦面间的摩擦性质，基本上可以消除爬行。

② 选择适当的摩擦副材料，降低摩擦系数。

③ 降低作用在导轨面上的正压力，如减轻运动部件的重量，采用各种卸荷装置，以减少摩擦阻力。

④ 提高导轨的制造与装配质量，采用导轨油等都可以减少摩擦力。

## 双向螺旋和建筑用长螺杆

双向螺旋如图2.6所示，在螺杆或中空的螺母两端分别制成左旋螺纹和右旋螺纹，将螺杆或螺母向一个方向转动时，两端将同时缩进或者同时伸出，这种机构称为双向螺旋机构。由于双向螺旋机构的结构简单，所以在机械手上应用很多。

建筑用长螺杆应用于简单的机器人上，可以组成大移动量的机构，非常方便，如图2.7所示。

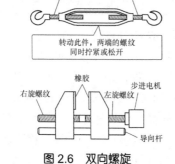

图2.6　双向螺旋

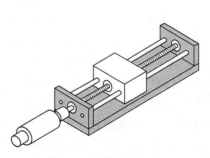

图2.7　建筑用长螺杆

### 3. 同步带传动

同步带传动早在 1900 年已有人研究并多次申请专利，但其实用化却是在第二次世界大战以后。由于同步带是一种兼有链、齿轮和三角胶带优点的传动零件，随着第二次世界大战后工业的发展而得到重视，于 1940 年由美国尤尼罗尔橡胶公司首先加以开发。1946 年辛加公司把同步带用于缝纫机针和缠线管的同步传动上，取得了显著效益，并被逐渐引用到其他机械传动上。

同步带结构如图 2.8 所示，同步带一般由承载绳、带齿、带背和包布常组成。常用同步带带轮如图 2.9 所示，常用同步带及应用如表 2.5 所示。

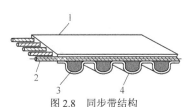

图 2.8 同步带结构
1—带背；2—承载绳；3—带齿；4—包布带

图 2.9 常用同步带带轮结构

表 2.5 常用同步带及应用

| 同 步 带 | | 应 用 |
| --- | --- | --- |
| 梯形齿同步带 | 梯形齿双面同步带 | 主要用于中、小功率的同步带传动，如各种仪器、计算机、轻工机械中均采用这种同步带传动 |
| 圆弧齿同步带 | 圆弧齿双面同步带 | 主要用于重型机械的传动中，如运输机械（飞机、汽车）、石油机械和机床、发电机等的传动 |

 提示

同步带传动具有以下特点。

（1）工作时无滑动，有准确的传动比。同步带传动是一种啮合传动，虽然同步带是弹性体，但由于其中承受负载的承载绳具有在拉力作用下不伸长的特性，故能保持带节距不变，使带与轮齿槽能正确啮合，实现无滑差的同步传动，获得精确的传动比。

（2）传动效率高，节能效果好。由于同步带作无滑动的同步传动，故有较高的传动效率，一般可达 0.98。它与三角带传动相比，有明显的节能效果。

（3）传动比范围大，结构紧凑。同步带传动的传动比一般可达到 10 左右，而且在大传动比情况下，其结构比三角带传动紧凑。因为同步带传动是啮合传动，其带轮直径比依靠摩擦力来传递动力的三角带带轮小得多。此外，由于同步带不需要大的张紧力，使带轮轴和轴承的尺寸都可减小，所以与三角带传动相比，在同样的传动比下，同步带传动具有较紧凑的结构。

（4）维护保养方便，运转费用低。由于同步带中承载绳采用伸长率很小的玻璃纤维、钢丝等材料制成，故在运转过程中带伸长很小，不需要像三角带、链传动等需经常调整张紧力。此外，同步带在运转中也不需要任何润滑，所以维护保养很方便，运转费用比三角带、链、齿轮要低得多。

（5）恶劣环境条件下仍能正常工作。尽管同步带传动与其他传动相比有以上优点，但它对安装时的中心距要求等方面极其严格，同时制造工艺复杂，制造成本高。

机电一体化系统对齿形同步带的要求主要有下面几点。

（1）有高的抗剪强度和耐磨性。

（2）有高的耐油性和耐热性。

（3）背带有良好的韧性和耐弯曲疲劳能力。

同步带传动主要失效形式有以下几种。

（1）承载绳断裂。原因是带型号过小和小带轮直径过小等。

（2）爬齿和跳齿。原因是同步带传递的圆周力过大、带与带轮间的节距差值过大、带的初拉力过小等。

（3）带齿的磨损。原因是带齿与轮齿的啮合干涉、带的张紧力过大等。

（4）其他失效方式。带和带轮的制造安装误差引起的带轮棱边磨损、带与带轮的节距差值太大和啮合齿数过少引起的带齿剪切破坏、同步带背的龟裂、承载绳抽出和包布层脱落等。

在正常的工作条件下，同步带传动的设计准则是在不打滑的条件下，保证同步带的抗拉强度。在灰尘杂质较多的条件下，则应保证带齿的一定耐磨性。

## 2.3.2 支撑零部件

支撑件是机电一体化设备中的基础部件。设备的零部件安装在支撑件上或在其导轨面上运动，所以，支撑件既起支撑作用，承受其他零部件的重量及在其上保持相对的运动，又起基准定位作用，确保部件间的相对位置。支撑零件主要有滑动轴承、滚动轴承、弹簧等。

### 1. 弹簧

一般的机械零部件所使用的材料都存在一定的弹性，弹簧就是根据应用场合和目的不同将弹性材料制成适当形状来充分利用其弹性的特殊零件。利用弹簧力的快速夹紧机构如图2.10所示。

在机器人中，利用弹簧最多的部位是其手部。从安全的观点出发，可将机器人的手爪设计成用弹簧力夹紧物体的结构，与一般的概念相反，执行装置只是起到将手爪张开的作用。这样，在紧急停电或因故障断电时，可以防止被抓起的物体意外下落而造成事故。

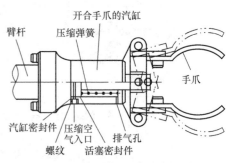

图2.10 利用弹簧力的快速夹紧机构

弹簧是一种利用材料的弹性变形实现如下功能的零件。

（1）吸收能量，起到缓冲、防振的作用。

（2）利用弹簧的变形量与载荷大小成正比的性质进行力的测量。

（3）利用弹簧变形的储能性质，来缓慢释放能量。

（4）利用弹簧的弹性实现复位等。

大多数的机器人都使用步进电动机。但是，在步进电动机驱动的机器人上，当驱动电源断开时，步进电动机将处于自由转动状态，机器人的臂部就会在重力作用下向下摆动，有时会破坏限位开关等物体。为了防止这种情况的发生，可以采用如图2.11所示的结构，在臂部齿轮上安装一个螺旋弹簧来平衡臂部的重力。

## 2. 联轴器

将两旋转轴直接连接起来，并起到互相传递力矩作用的机械零件称为联轴器。联轴器可分为刚性联轴器、弹性联轴器和万向联轴器 3 类。

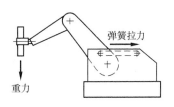

图 2.11　安装在机器人肩部齿轮上的弹簧

（1）刚性联轴器。在两轴的轴线能够保证一致的条件下所使用的联轴器称为刚性联轴器，这种联轴器半盘分别固定在两个轴端上，再用螺栓将两个法兰盘连接在一起形成固定的连接方式来传递扭矩。图 2.12 所示为夹紧环联轴器结构图。

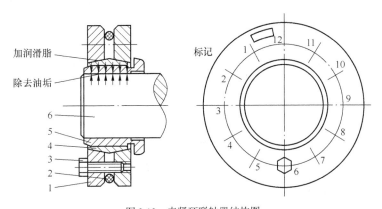

图 2.12　夹紧环联轴器结构图

1—圆盘；2—O 形圈；3—螺栓；4—锥环；5—轴套；6—轴

（2）弹性联轴器。当两轴的轴线对中调整比较困难时，可以采用弹性联轴器连接。凸缘式弹性联轴器的结构与凸缘式刚性联轴器相似，但其中一个法兰盘的螺栓孔中装有弹性套筒，可以起到调整中心的作用，图 2.13 所示为弹性联轴器连接电动机与减速器的实例。

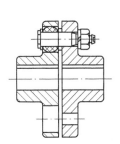

图 2.13　弹性联轴器连接电动机与减速器　　　　图 2.14　万向联轴器的应用实例

（3）万向联轴器。当被连接的两轴相交成一定角度时，可以使用万向联轴器来传递运动和功率。图 2.14 所示的万向联轴器在汽车和机床上经常使用，输入轴旋转时，经一个十字形的旋转体带动中间轴旋转，中间轴再经过另一个十字形的旋转体驱动输出轴旋转。

## 3. 制动器

制动器是将机械运动部分的能量变为热能释放，从而使运动的机械速度降低或者停止的装置，大致可分为机械制动器和电气制动器两类。

 **提示** 一般在下列情况下会使用制动器。
（1）在特殊情况下的瞬时停止和需要采取安全措施的情况下使用制动器。
（2）停电时，防止运动部分下滑而破坏其他装置时使用制动器。

（1）机械制动器。机械制动器有螺旋式自动加载制动器、盘式制动器、闸瓦式制动器、电磁制动器等，其中最典型的是电磁制动器。

在机电系统的驱动系统中常使用伺服电动机，由伺服电动机本身的特性决定了电磁制动器是不可缺少的。从原理上讲，这种制动就是用弹簧力制动的盘形制动器，当有励磁电流通过线圈时制动器打开，不起制动作用。而当电源断开时，线圈中无励磁线圈，在弹簧力的作用下使制动器闭合而处于制动状态，因此，这种制动器通常称为常合式电磁制动器。又因为这种制动器常用于安全制动场合，所以也称为安全制动器。常合式电磁制动器如图 2.15 所示。

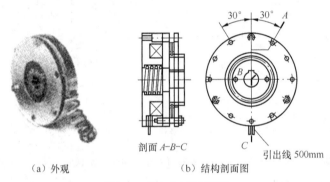

剖面 *A–B–C*　　　　引出线 500mm
（a）外观　　　　　　（b）结构剖面图

图 2.15　常合式电磁制动器

（2）电气制动器（动力制动器）。电动机是将电能转换为旋转机械能的装置，反之它具有将旋转机械能转变为电能的发电功能。换言之，伺服电动机是一种能量转换装置，可将电能转换成机械能，同时也能够实现其相反过程来达到制动的目的。但对于直流电机、同步电动机、感应电机等各种不同的电动机，必须分别采用适当的制动电路。

 **注意** 电气制动器不能达到完全停止的制动效果，需要保持静止状态时必须采用机械制动器。

例如，内涨式制动器如图 2.16 所示。这种制动器主要用于汽车等机械的制动装置，它具有能够对连续负载实现平稳制动的特点，其优缺点如下。

优点：与盘形制动器相比，有制造成本低、低速制动力大等特点。

缺点：由于散热问题而不易连续使用。此外，盘形制动器在维护时只需更换摩擦片的衬垫即可恢复原有的制动性能。而内涨式制动器不但制动轮磨损，还存在摩擦面曲率变化的问题。

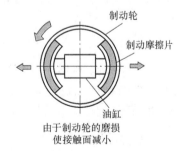

制动轮

制动摩擦片

油缸

由于制动轮的磨损
使接触面减小

图 2.16　内涨式制动器

### 4. 轴承

轴系组件所用的轴承有滚动轴承和滑动轴承两大类。随着机床精度要求的提高和变速范围的扩大，简单的滑动轴承难以满足要求，而滚动轴承的应用越来越广。滚动轴承不断发展，不仅在性能上基本满足使用要求，而且它由专业工厂大量生产，质量容易控制。滑动轴承具有工作平稳和抗振性好的特点，是滚动轴承所难以代替的，所以出现了各种多楔动压轴承及静压轴承，使滑动轴承的应用范围不断扩大，尤其在一些精密机械设备上，各种新式的滑动轴承得到了广泛应用。

**提示**　滚动轴承的润滑应该考虑滚动接触的滑动摩擦部分、保持架与滚动体之间摩擦部分的润滑及轴承内部的防锈问题。润滑方法有如下几种。
（1）润滑脂润滑：采用向轴承内注入润滑脂的方法进行润滑。
（2）油浴润滑：将轴承的部分滚动体浸在润滑。
（3）喷射润滑：用喷嘴向轴承内喷入压力润滑油的润滑方式。

（1）非标滚动轴承。非标滚动轴承适应轴承精度要求较高，结构尺寸较小或因特殊要求而未能采用标准轴承而需自行设计的情形。图 2.17 所示为微型滚动轴承，其中图（a）与图（b）具有杯形外圈而没有内圈，锥形轴颈与滚珠直接接触，其轴向间隙由弹簧或螺母调整，图 2.17（c）所示为采用碟形垫圈来消除轴向间隙，垫圈的作用力比作用在轴承上的最大轴向力大 2～3 倍。

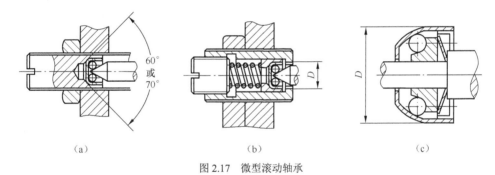

（a）　　　　　　　　　　（b）　　　　　　　　　　（c）

图 2.17　微型滚动轴承

（2）静压轴承。滑动轴承阻尼性能好、支撑精度高，具有良好的抗振性和运动平稳性。按照液体介质的不同，目前使用的有液体滑动轴承和气体滑动轴承两大类。按油膜和气膜压强的形成方法又有动压、静压和动静压相结合的轴承之分。

动压轴承是在轴旋转时，油（气）被带入轴与轴间所形成的楔形间隙中，由于间隙逐渐变窄，使压强升高，将轴浮起而形成油（气）楔，以承受载荷。其承载能力与滑动表面的线速度成正比，低速时承载能力很低。故动压轴承只适用于速度很高、且速度变化不大的场合。

静压轴承是利用外部供油（气）装置将具有一定压力的液（气）体通过油（气）孔进入轴套油（气）腔，将轴浮起而形成压力油（气）膜，以承受载荷。其承载能力与滑动表面的线速度无关，故广泛应用于低、中速，大载荷，高精度的机器。它具有刚度大、精度高、抗振性好、摩擦阻力小等优点。

液体静压轴承工作原理如图 2.18 所示，油腔 1 为轴套 8 内面上的凹入部分；包围油腔的四周称为封油面；封油面与运动表面构成的间隙称为油膜厚度。为了承载，需要流量补偿。补偿流量的机构称为补偿元件，也称节流器，如图 2.18 中右侧所示。压力油经节流器第 1 次节流后流入油腔，又经过封油面第 2 次节流后从轴向（端面）和周向（回油槽 7）流入油箱。

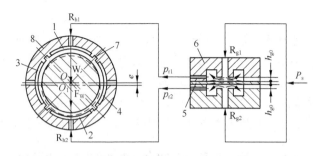

图 2.18 液体静压轴承工作原理

1、2、3、4—油腔；5—金属薄膜；6—圆盒；7—回油槽；8—轴套

（3）磁悬浮轴承。磁悬浮轴承是利用磁场力无机械摩擦、无润滑地将轴悬浮在空间的一种新型轴承。其工作原理如图 2.19 所示。径向磁悬浮轴承由转子 4（转动部件）和定子 6（固定部件）两部分组成。定子部分装上电磁体，保持转子悬浮在磁场中。转子转动时，由位移传感器 5 检测转子的偏心，并通过反馈与基准信号 1（转子的理想位置）进行比较，调节器 2 根据偏差信号进行调节，并把调节信号送到功率放大器 3 以改变电磁体（定子）的电流，从而改变磁悬浮力的大小，使转子恢复到理想位置。

径向磁悬浮轴承的转轴（如主轴）一般

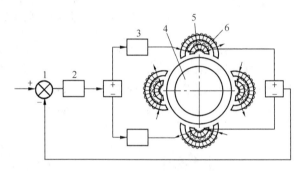

图 2.19 磁力轴承

1—基准信号；2—调节器；3—功率放大器；
4—转子；5—位移传感器；6—定子

要配备辅助轴承，工作时辅助轴承不与转轴接触，当断电或磁悬浮失控时能托住高速旋转的转轴，起到安全保护作用。辅助轴承与转子之间的间隙一般等于转子与电磁体气隙的一半。轴向悬浮轴承的工作原理与径向磁悬浮轴承相同。

### 5. 导轨

各种机械运行时，由导轨副保证执行件的正确运动轨迹，并影响执行件的运动特性。导轨副包括运动导轨和支撑导轨两部分。支撑导轨用以支撑和约束运动导轨，使之按功能要求做正确的运动。

（1）按导轨副运动导轨的轨迹分类。

① 直线运动导轨副。支撑导轨约束了运动导轨的 5 个自由度，仅保留沿给定方向的直线移动自由度。

② 旋转运动导轨副。支撑导轨约束了运动导轨的 5 个自由度，仅保留绕给定轴线的旋转运动自由度。

（2）按导轨副导轨面间的摩擦性质分类。

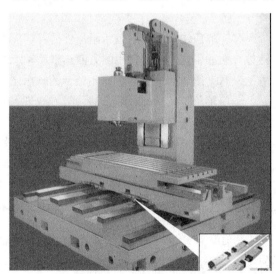

图 2.20 机床中的导轨

① 滑动摩擦导轨副。为了降低滑动导轨的摩擦系数，防止低速爬行，提高定位精度，在数控机床

上普遍采用塑料作为滑动导轨的材料，使原来铸铁—铸铁的滑动变为铸铁—塑料或钢—塑料的滑动。实验表明，铸铁—淬火钢或铸铁—铸铁导轨副的动、静摩擦系数相差较大，近一倍。而金属—聚四氟乙烯导轨软带的动、静摩擦系数基本不变，而且摩擦系数很低。这种良好的摩擦特性能防止低速爬行，使机床运行平稳，以获得高的定位精度。

② 滚动摩擦导轨副。滚动导轨主要由导轨体、滑块、滚珠、保持器、端盖等组成。生产厂把滚动导轨的预紧力调整适当，成组安装，所以这种导轨又称为单元式直线滚动导轨。使用时，导轨固定在静止部件上，滑块固定在运动部件上。当滑块沿导轨体移动时，滚珠在导轨和滑块之间的圆弧直槽内滚动，并通过端盖内的滚道，从工作负荷区到非工作负荷区，然后再滚动到工作负荷区，不断循环，从而把导轨体和滑块之间的移动变成了滚珠的滚动。为防止灰尘和脏物进入导轨滚道，滑块两端及下部均装有塑料密封垫，滑块还有润滑油注油杯。

滚动导轨的最大优点是摩擦系数小，比塑料导轨还小；运动轻便灵活，灵敏度高；低速运动平稳性好，不会产生爬行现象，定位精度高；耐磨性好，磨损小，精度保持性好；且润滑系统简单，为此滚动导轨在数控机床上得到普遍的应用。但是，滚动导轨的抗振性较差，结构复杂，对脏物较敏感，必须要有良好的防护措施。

③ 流体摩擦导轨副。静压导轨是在两个相对运动的导轨面间通入压力油，使运动件浮起。工作过程中，导轨面上油腔中的油压能随着外加负载的变化自动调节，以平衡外负荷，保证导轨面始终处于纯液体摩擦状态。

静压导轨的摩擦系数极小（约为 0.000 5），功率消耗少，由于系统液体摩擦，故导轨不会磨损，因而导轨的精度保持性好，寿命长。油膜厚度几乎不受速度的影响，油膜承载能力大、刚度好、吸震性良好，导轨运行平稳，既无爬行，也不产生振动。但静压导轨结构复杂，并需要有一个具有良好过滤效果的液压装置，制造成本较高。目前，静压导轨较多地应用在大型、重型数控机床上。

（3）按导轨副结构分类。

① 开式导轨。必须借助运动件的自重或外载荷，才能保证在一定的空间位置和受力状态下，运动导轨和支撑导轨的工作面保持可靠的接触，从而保证运动导轨的规定运动。开式导轨一般受温度变化的影响较小。

② 闭式导轨。借助导轨副本身的封闭式结构，保证在变化的空间位置和受力状态下，运动导轨和支撑导轨的工作面都能保持可靠的接触，从而保证运动导轨的规定运动。闭式导轨一般受温度变化的影响较小。

（4）按直线运动导轨副的基本截面形状分类。

① 矩形导轨。如表 2.6 所示，导轨面上的支反力与外载荷相等，承载能力较大。承载面（顶面）和导向面（侧面）分开，精度保持较好，加工维修较方便。矩形导轨分为凸矩形和凹矩形。凹矩形易存润滑油，但也易积灰尘污物，必须进行防护。

② 三角形导轨。如表 2.6 所示，导轨面上的支反力大于载荷，使摩擦力增大，承载面与导向面重合，磨损量能自动补偿，导向精度较高。顶角在 90°±30° 范围内变化。顶角越小，导向精度越高，但摩擦力也越大。故小顶角用于轻载精密机械，大顶角用于大型机械。凹形与凸形的作用同前，凹形也称 V 形导轨。

③ 燕尾型导轨。如表 2.6 所示，在承受颠覆力矩的条件下高度较小，用于多坐标多层工作台，使总高度减小，加工维修较困难。凹形与凸形的作用同前。

以上 3 种导轨形状均由直线组成，称为棱柱面导轨。

④ 圆形导轨。如表 2.6 所示，圆形导轨制造方便，外圆采用磨削，内孔经过珩磨，可达到精密配合，但磨损后很难调整和补偿间隙，圆柱形导轨有两个自由度，适用于同时作直线运动和转动的地方。若要限制转动，可在圆柱表面开键槽或加工出平面，但不能承受大的扭矩，亦可采用双圆柱导轨。圆柱导轨用于承受轴向载荷的场合。

表 2.6　　　　　　　　　　　　　　　　导轨的截面形状

| | 矩　形 | 对称三角形 | 不对称三角形 | 燕　尾　槽 | 圆　形 |
|---|---|---|---|---|---|
| 凸形 | | 45°　45° | 90°　15°～30° | 55°　55° | |
| 凹形 | | 90°～120° | 65°～70°　90° | 55°　55° | |

（5）导轨副的组合形式。导轨的结构与组合如图 2.21 所示。

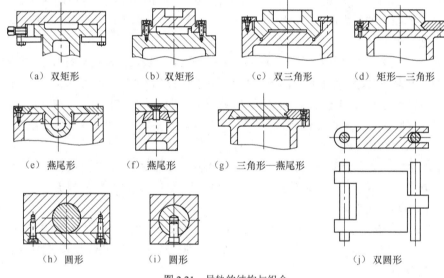

（a）双矩形　　（b）双矩形　　（c）双三角形　　（d）矩形—三角形

（e）燕尾形　　（f）燕尾形　　（g）三角形—燕尾形

（h）圆形　　（i）圆形　　（j）双圆形

图 2.21　导轨的结构与组合

① 双矩形组合。各种机械执行件的导轨一般由两条导轨组合，高精度或重载下才考虑两条以上的导轨组合。两条矩形导轨的组合突出了矩形导轨的优缺点。侧面导向有以下两种组合：宽式组合，两导向侧面间的距离大，承受力矩时产生的摩擦力矩较小，为考虑热变形，导向面间隙较大，影响导向精度；窄式组合，两导向侧面间的距离小，导向面间隙较小。承受力矩时产生的摩擦力矩较大，可能产生自锁。

② 双三角形组合。两条三角形导轨的组合突出了三角形导轨的优缺点，但工艺性差，用于高精度机械。

③ 矩形—三角形组合。导向性优于双矩形组合，承载能力优于双三角组合，工艺性介于二者之间，应用广泛。但要注意：若两条导轨上的载荷相等，则摩擦不等使磨损量不同，破坏了两导轨的等高性。结构设计时应注意，一方面要在二导轨面上摩擦力相等的前提下使载荷非对称布

置，另一方面要使牵引力通过二导轨面上摩擦力合力的作用线。若因结构布置等原因不能做到，则应使牵引力与摩擦合力形成的力偶尽量减小。

④ 三角形—平面导轨组合。这种组合形式的导轨具有三角形和矩形组合导轨的基本特点，但由于没有闭合导轨装置，因此，只能用于受力向下的场合。

对于三角形和矩形、三角形和平面组合导轨，由于三角形和矩形（或平面）导轨的摩擦阻力不相等，因此，在布置牵引力的位置时，应使导轨的摩擦阻力的合力与牵引力在同一直线上，否则就会产生力矩，使三角形导轨对角接触，影响运动件的导向精度和运动的灵活性。

⑤ 燕尾形导轨及其组合。燕尾形组合导轨的特点是制造、调试方便；燕尾与矩形组合时，它兼有调整方便和能承受较大力矩的优点，多用于横梁、立柱、摇臂等导轨。

**提示**

导轨副应满足的基本要求如下。

（1）导向精度。导向精度主要是指动导轨沿支撑导轨运动的直线度或圆度。影响它的因素有：导轨的几何精度、接触精度、结构形式、刚度、热变形、装配质量以及液体动压和静压导轨的油膜厚度、油膜刚度等。

（2）耐磨性。是指导轨在长期使用过程中能否保持一定的导向精度。因导轨在工作过程中难免有所磨损，所以应力求减小磨损量，并在磨损后能自动补偿或便于调整。

（3）疲劳和压溃。导轨面由于过载或接触应力不均匀而使导轨表面产生弹性变形，反复运行多次后就会形成疲劳点，呈塑性变形，表面形成龟裂、剥落而出现凹坑，这种现象就是压溃。疲劳和压溃是滚动导轨失效的主要原因，为此应控制滚动导轨承受的最大载荷和受载的均匀性。

（4）刚度。导轨受力变形会影响导轨的导向精度及部件之间的相对位置，因此，要求导轨应有足够的刚度。为减轻或平衡外力的影响，可采用加大导轨尺寸或添加辅助导轨的方法提高刚度。

（5）低速运动平稳性。低速运动时，作为运动部件的动导轨易产生爬行现象。低速运动的平稳性与导轨的结构和润滑，动、静摩擦系数的差值，以及导轨的刚度等有关。

（6）结构工艺性。设计导轨时，要注意制造、调整和维修的方便，力求结构简单，工艺性及经济性好。

（6）滚动直线导轨的分类。

① 按滚动体的形状分类，有钢珠式和滚柱式两种，如图2.22所示。滚柱式由于为线接触，故其有较高的承载能力，但摩擦力也较大，同时加工装配也相对复杂。目前使用较多的是钢珠式。

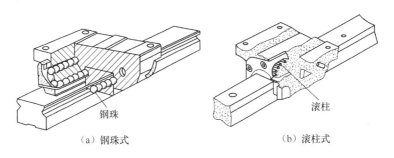

（a）钢珠式　　　　　　　　　（b）滚柱式

图2.22　滚动直线导轨结构

② 按导轨截面形状分类，有矩形和梯形两种，如图2.23所示。其中图2.23（a）所示为四方向等载荷式，导轨截面为矩形，承载时各方向受力大小相等。梯形截面如图2.23（b）所示，导轨能承受较大的垂直载荷，而其他方向的承载能力较低，但对于安装基准的误差调节能力较强。

③ 按滚道沟槽形状分类，有单圆弧和双圆弧两种，如图 2.24 所示。单圆弧沟槽为 2 点接触，如图 2.24（a）所示。双圆弧沟槽为 4 点接触，如图 2.24（b）所示。前者运动摩擦和安装基准平均作用比后者要小，但其静刚度比后者稍差。

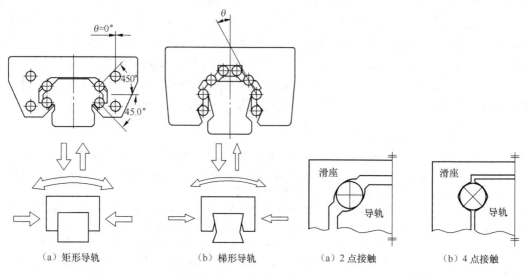

（a）矩形导轨 　　　　（b）梯形导轨 　　　　（a）2 点接触 　　　　（b）4 点接触

图 2.23　滚动直线导轨的截面形状 　　　　图 2.24　滚动直线导轨截面形式

常用的滚动直线导轨如图 2.25 所示。

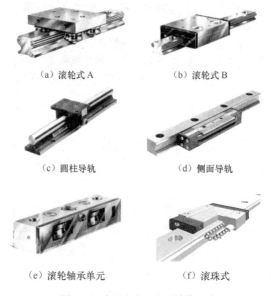

（a）滚轮式 A 　　　　（b）滚轮式 B

（c）圆柱导轨 　　　　（d）侧面导轨

（e）滚轮轴承单元 　　　　（f）滚珠式

图 2.25　滚动直线导轨副结构形式

# 小　结

本章主要介绍了机电一体化技术常用的机械系统、机械运动和机械零部件。

（1）机电一体化机械系统应具有高精度、快速响应性和良好的稳定性。

（2）机电一体化的运动包括以下内容：

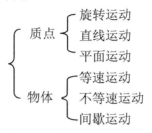

$$\begin{cases} \text{质点} \begin{cases} \text{旋转运动} \\ \text{直线运动} \\ \text{平面运动} \end{cases} \\ \text{物体} \begin{cases} \text{等速运动} \\ \text{不等速运动} \\ \text{间歇运动} \end{cases} \end{cases}$$

（3）主要机械零部件大体上可分为如下两大类。

$$\begin{cases} \text{传动零部件} \begin{cases} \text{谐波齿轮传动：工作原理及特点} \\ \text{滚珠丝杠螺纹：结构、特点、调整轴向间隙、选用等级及丝杠的轴承组合} \\ \text{同步带传动：结构、特点、要求、失效形式} \end{cases} \\ \text{支撑零部件} \begin{cases} \text{弹簧：基本功能、典型应用} \\ \text{联轴器：刚性联轴器、弹性联轴器和万向联轴器} \\ \text{轴承：非标滚动轴承、静压轴承、磁悬浮轴承} \\ \text{制动器：机械制动器和电气制动器} \\ \text{导轨：分类、基本要求} \end{cases} \end{cases}$$

# 思考与练习

**1. 判断题**

（1）与一般的机械系统相比，机电一体化中的机械系统除要求具有较高的定位精度之外，还应具有良好的动态响应特性，即响应要快，稳定性要好。　　　　　　　　（　　）

（2）摩擦系数最小时对应的移动速度称为临界速度 $V_K$，当主动件的移动速度大于临界速度 $V_K$ 时，进给系统就容易产生爬行现象。　　　　　　　　　　　　　　（　　）

（3）机械系统具有较大的刚度，良好的耐磨性、减摩性和可靠性，消震和低噪声，重量轻、体积小、寿命长。　　　　　　　　　　　　　　　　　　　　　　　（　　）

（4）机电一体化机械系统中的机械传动装置，已不仅仅是用来作运动转换和力或力矩变换的变换器，已成为伺服系统的重要组成部分，要根据伺服控制的要求来进行设计和选择。所以在一般情况下，应尽可能缩短传动链，而不是取消传动链。　　　　　　　　　　（　　）

（5）如果机械系统的精度不能满足要求，则机电一体化产品就无法完成其预定的机械操作。　　　　　　　　　　　　　　　　　　　　　　　　　　　　　　（　　）

（6）磁轴承是高速轴承，但最高转速不能超过 6 000r/min。　　　　　　　（　　）

（7）滚珠丝杠副只能将旋转运动转变为直线运动。　　　　　　　　　　　（　　）

（8）塑料导轨软带中最成功、性能最好的是聚四氟乙烯导轨软带。　　　　（　　）

（9）弹簧能吸收能量，起到缓冲、防震的作用。　　　　　　　　　　　　（　　）

（10）电气制动器不能达到完全停止的制动效果，需要保持静止状态时必须采用机械制动器。
（　　）

（11）一台机械要由很多零部件组成。具有代表性的主要机械零部件大体上可分为紧固零部件、传动零部件和支撑零部件，由这些零部件组成传动机构、导向机构和执行机构。（　　）

（12）齿轮传动是通过轮齿之间的相互啮合实现直接接触的传动方法。（　　）

（13）带传动方法适用于主动轴和从动轴之间距离较大的场合，传动平稳，振动噪声小。（　　）

（14）谐波传动是建立在弹性变形理论基础上的一种新型传动，它的出现为机械传动技术带来了重大突破。（　　）

（15）滚珠丝杠螺纹是在丝杠和螺母滚道之间放入适量的滚珠，使螺纹间产生滚动摩擦。
（　　）

（16）滚珠丝杠螺纹和其他滚动摩擦的传动元件一样，应避免硬质灰尘或切屑污物进入，因此，必须有防护装置。（　　）

2．选择题

（1）爬行是影响进给精度的主要因素。为了提高进给精度，必须消除爬行现象，以下不正确的措施是（　　）。

    A．提高传动系统的刚度　　　　　　B．尽量缩短传动链，减小传动件数和弹性变形量

    C．减少摩擦力的变化　　　　　　　D．提高临界速度

（2）机电一体化进给传动系统，由于齿轮传动级数的增加，会使齿隙和静摩擦增加，传动效率降低，故传动级数一般不超过（　　）级。

    A．1　　　　　　　B．2　　　　　　　C．3　　　　　　　D．4

（3）选择下列运动功能符号：直线运动（　　），旋转运动（　　），摆动（　　）。

    A.　　　　　　　　　　　　　B.　　　　　　　　　　　　C.

    D.　　　　　　　　　　　　　E.

（4）滚珠丝杠副相对于普通丝杠，下列不属于滚珠丝杠特点的是（　　）。

    A．摩擦损失小　　　　　　　　　　B．可以实现自锁

    C．制造复杂　　　　　　　　　　　D．可完全消除间隙

（5）谐波齿轮减速器的最大特点，下列说法错误的是（　　）。

    A．传动比大　　　　　　　　　　　B．承载能力小

    C．传动精度高　　　　　　　　　　D．齿侧间隙小

（6）数控机床要求在（　　）进给运动下不爬行，有高的灵敏度。

    A．停止　　　　　　B．高速　　　　　　C．低速

（7）在机床加工零件的过程中引起加工误差的原因很多，下列属于常值系统性误差的是（　　）。

    A．热变形误差　　　　　　　　　　B．机床溜板的摩擦

    C．刀具长度的改变　　　　　　　　D．螺距误差

（8）能精确传递运动的（　　）。

    A．齿轮传动　　　B．带传动　　　　　C．链传动　　　　　D．液压传动

（9）（　　）就是根据应用场合和目的不同将弹性材料制成适当形状来充分利用其弹性的特殊零件。

    A．齿轮　　　　　　B．弹簧　　　　　　C．传动链　　　　　　D．轴承

（10）将两旋转轴直接连接起来，并起到互相传递力矩作用的机械零件称为（　　）。

    A．齿轮　　　　　　B．传动带　　　　　　C．传动链　　　　　　D．联轴器

（11）刚性联轴器半盘分别固定在两个轴端上，再用螺栓将两个法兰盘连接在一起形成固定的连接方式来传递（　　）。

    A．扭矩　　　　　　B．力　　　　　　C．信息　　　　　　D．强度

（12）当被连接的两轴相交成一定角度时，可以使用（　　）来传递运动和功率。

    A．齿轮　　　　　　B．传动带　　　　　　C．传动链　　　　　　D．万向联轴器

（13）（　　）是将机械运动部分的能量变为热能释放，从而使运动的机械速度降低或者停止的装置。

    A．制动器　　　　　　B．停止器　　　　　　C．万向联轴器　　　　　　D．联轴器

（14）（　　）包括运动导轨和支撑导轨两部分。

    A．齿轮　　　　　　B．导轨副　　　　　　C．制动器　　　　　　D．联轴器

（15）（　　）主要由导轨体、滑块、滚珠、保持器、端盖等组成。

    A．滚动导轨　　　　　　B．传动带　　　　　　C．制动器　　　　　　D．停止器

（16）（　　）是机电一体化设备中的基础部件。

    A．支撑件　　　　　　B．滚动导轨　　　　　　C．万向联轴器　　　　　　D．制动器

### 3. 填空题

（1）质点运动可分为_____、_____和_____3种。物体运动可分为_____、_____和_____3种。

（2）摩擦对伺服系统的影响有：引起动态滞后，降低系统的响应速度，导致系统误差和_____。

（3）机电一体化机械系统主要包括以下3大机构：_____、_____和_____。

（4）当两物体产生相对运动或有运动趋势时，其接触面要产生摩擦。摩擦力可分为黏性摩擦力、_____摩擦力与_____摩擦力。

（5）滚珠丝杠副调整轴向间隙，可以提高滚珠丝杠副的_____。

（6）《滚珠丝杠副精度》（JB　316.2—82）标准规定分为6个等级：C、D、E、F、G、H。_____级最高，_____级最低。

（7）一个典型的机电一体化系统通常由_____、_____、功率放大电路、_____、_____、_____、检测传感部件等部分组成。

（8）机电一体化系统的高精度是其_____的要求。

（9）机电一体化的运动包括_____的旋转运动、_____的直线运动以及平面运动等。

（10）_____零部件主要有螺栓、V螺母、键、销、铆钉等，主要用于零部件之间的_____和_____。

### 4. 问答题

（1）滚珠丝杠螺母副在数控机床上安装时，常采用预拉消除热伸长误差方法，为什么？

（2）在机电一体化系统中，对传动机构的基本要求主要有哪些？

（3）试述滚珠丝杠副轴向间隙调整和预紧的基本原理。常用结构形式有哪几种？

（4）阐述直线滚动导轨的结构、特点及其使用。

（5）同步带传动有哪些特点？

（6）调整轴向间隙时应注意什么？

# 第3章

# 现代检测技术的应用

本章介绍传感器知识，在机电一体化产品中，无论是机械电子化产品（如数控机床），还是机电相互融合的高级产品（如机器人），都离不开检测与传感器这个重要环节。若没有传感器对原始的各种参数进行精确而可靠的自动检测，那么信号转换、信息处理、正确显示、控制器的最佳控制等，都是无法进行和实现的。

通过本章的学习，读者能够理解传感器的作用，了解传感器的一些基本知识。

**知识目标**

◎ 了解传感器的分类及要求

◎ 了解常用传感器的特性及应用

◎ 掌握传感器的基本特性

◎ 了解传感器的发展方向

◎ 了解传感器的选用

◎ 了解检测信号的采集与处理过程

## 3.1 什么是传感器

检测系统是机电一体化产品中的一个重要组成部分，用于实现检测功能。在机电一体化产品中，传感器的作用就相当于人的感官，用于检测有关外界环境及自身状态的各种物理量（如力、位移、速度、位置等）及其变化，并将这些信号转换成电信号，然后再通过相应的变换、放大、调制与解调、滤波、运算等电路将有用的信号检测出来，反馈给控制装置或送去显示。实现上述功能的传感器及相应的信号检测与处理电路，就构成了机电一体化产品中的检测系统。

随着现代测量、控制及自动化技术的发展，传感器技术越来越受到人们的重视，应用越来越普遍。凡是应用到传感器的地方，必然伴随着相应的检测系统。传感器与检测系统可对各种材料、机件、现场等进行无损探伤、测量和计量；对自动化系统中各种参数进行自动检测和控制。尤其是在机电一体化产品中，传感器及其检测系统已成为机与电有机结合的一个重要纽带。

传感器的种类繁多，分类方法也有多种，可以按被测物理量分类，这种分法明确表达了传感器的用途，便于用户根据不同用途选择传感器。还可按工作原理分类，这种分法便于用户学习、理解和区分各种传感器。机电一体化产品主要以微型计算机作信息处理机和控制器，传感器获取的有关外界环境及自身状态变化的信息，一般反馈给计算机进行处理或实施控制。这里将传感器按输出信号的性质分类，分为开关型、模拟型和数字型，如图 3.1 所示。

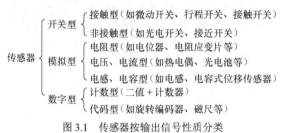

图 3.1　传感器按输出信号性质分类

（1）开关型传感器。开关型传感器只输出"1"和"0"或开（ON）和关（OFF）两个值。如果传感器的输入物理量达到某个值以上时，其输出为"1"（ON 状态），在该值以下时输出为"0"（OFF状态），其临界值就是开、关的设定值。这种"1"和"0"数字信号可直接送入微型计算机进行处理。

（2）模拟型传感器。模拟型传感器的输出是与输入物理量变化相对应的连续变化的电量。传感器的输入/输出关系可能是线性的，也可能是非线性的。线性输出信号可直接采用，而非线性输出信号则需进行线性化处理。这些线性信号一般需进行模拟/数字（A/D）转换，将其转换成数字信号后再送给微型计算机处理。

（3）数字型传感器。数字型传感器分为计数型和代码型两大类。计数型又称为脉冲计数型，它可以是任何一种脉冲发生器，所发出的脉冲数与输入量成正比，加上计数器就可以对输入量进行计数。计数型传感器可用来检测通过输送带上的产品个数，也可用来检测执行机构的位移量，这时执行机构每移动一定距离或转动一定角度就会发出一个脉冲信号，如光栅检测器和增量式光电编码器就是如此。代码型传感器即绝对值式编码器，它输出的信号是二进制数字代码，每一代码相当于一个一定的输入量之值。代码的"1"为高电平，"0"为低电平，高低电平可用光电元件或机械式接触元件输出。通常被用来检测执行元件的位置或速度，如绝对值型光电编码器、接触型编码器等。

机电一体化系统对传感器主要有以下几方面的要求。
（1）精度、灵敏度、分辨率高。
（2）线性、稳定性和重复性好。
（3）抗干扰能力强。
（4）静、动态特性好。
此外，还要求体积小、质量轻、价格便宜、便于安装与维修，耐环境性能好等。

# 3.2　常见传感器

## 3.2.1　线位移检测传感器

### 1. 光栅

光栅是利用光的透射、衍射现象制成的光电检测元件，也称为光电脉冲发生器。它主要由标尺光栅和光栅读数头两部分组成。通常，标尺光栅固定在机床活动部件上(如工作台或丝杠上)，光栅读数头装在机床的固定部件上（如机床底座）。当工作台移动时，标尺光栅和光栅读数头产生相对移动。它的特点是测量精确度高（可达±1μm）、响应速度快、量程范围大，可进行非接触测量等，易于实现数字测量和自动控制。光栅广泛用于数控机床和精密测量中。计量光栅有长光栅和圆光栅两种，是数控机床和数显系统常用的检测元件。

　　光栅位移传感器的结构如图3.2所示，主要由标尺光栅、指示光栅、光电器件、光源等组成。通常，标尺光栅和被测物体相连，随被测物体的直线位移而产生位移。一般标尺光栅和指示光栅的刻线密度是相同的，而刻线之间的距离 $W$ 称为栅距。光栅条纹密度一般为每毫米 25、50、100、250 条等。

　　如果把两块栅距 $W$ 相等的光栅平行安装，且让它们的刻痕之间有较小的夹角 $\theta$ 时，这时光栅上会出现若干条明暗相间的条纹，这种条纹称为莫尔条纹，它们沿着与光栅条纹几乎垂直的方向排列，如图3.3所示。莫尔条纹是光栅非重合部分光线透过而形成的亮带，它由一系列四棱形图案组成，如图中的 $d\text{-}d$ 线区所示。$f\text{-}f$ 线区则是由于光栅的遮光效应形成的。

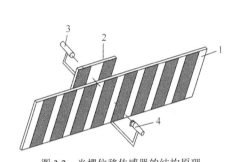

图3.2　光栅位移传感器的结构原理

1—标尺光栅；2—指示光栅；3—光电器件；4—光源

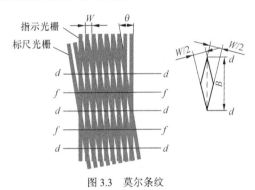

图3.3　莫尔条纹

莫尔条纹具有如下特点。

（1）莫尔条纹的位移与光栅的移动成比例。当指示光栅不动，标尺光栅向左右移动时，莫尔条纹将沿着近于栅线的方向上下移动；光栅每移动过一个栅距 $W$，莫尔条纹就移动过一个条纹间距 $B$，查看莫尔条纹的移动方向，即可确定主光栅的移动方向。

（2）莫尔条纹具有位移放大作用。莫尔条纹的间距 $B$ 与两光栅条纹夹角 $\theta$ 之间关系为

$$B = \frac{W}{2\sin\dfrac{\theta}{2}} \approx \frac{W}{\theta} \tag{3-1}$$

式中，$\theta$ 的单位为 rad，$B$、$W$ 的单位为 mm，所以莫尔条纹的放大倍数为

$$K = \frac{B}{W} \approx \frac{1}{\theta} \tag{3-2}$$

可见 $\theta$ 越小，放大倍数越大。实际应用中，$\theta$ 角的取值范围都很小。例如，当 $\theta=10'$ 时，$K=1/\theta=1/0.002\,9\text{rad}\approx345$，也就是说指示光栅与标尺光栅相对移动一个很小的 $W$ 距离时，可以得到一个很大的莫尔条纹移动量 $B$，可以用测量条纹的移动来检测光栅微小的位移，从而实现高灵敏度的位移测量。

（3）莫尔条纹具有平均光栅误差的作用。莫尔条纹是由一系列刻线的交点组成，它反映了形

成条纹的光栅刻线的平均位置，对各栅距误差起了平均作用，减弱了光栅制造中的局部误差和短周期误差对检测精度的影响。

通过光电元件，可将莫尔条纹移动时光强的变化转换为近似正弦变化的电信号，将此电压信号放大、整形变换为方波，经微分转换为脉冲信号，再经辨向电路和可逆计数器计数，则可用数字形式显示出位移量。位移量等于脉冲与栅距的乘积，测量分辨率等于栅距。

**2. 感应同步器**

感应同步器是利用电磁感应原理把两个平面绕组间的位移量转换成电信号的一种位移传感器。按测量机械位移的对象不同可分为直线型和圆盘型两类，分别用来检测直线位移和角位移。感应同步器的成本低，受环境温度影响小，测量精度高，且为非接触测量，所以在位移检测中得到广泛应用，特别是在各种机床的位移数字显示、自动定位和数控系统中。

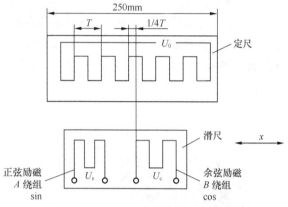

图 3.4　直线型感应同步器定尺、滑尺的结构

感应同步器的结构如图 3.4 所示，其定尺和滑尺的基板采用与机床热膨胀系数相近的钢板制成，钢板上用绝缘黏结剂贴有铜箔，并利用腐蚀的办法做成图示矩形绕组。长尺叫做定尺，短尺叫做滑尺。标准感应同步器的定尺长度为 250 mm，滑尺长度为 100 mm。使用时定尺安装在固定部件上（如机床床身），滑尺装在运动部件上。如果测量长度超过 170 mm 时，可将若干根定尺接长使用。

由图 3.4 可以看出，定尺绕组是连续的，而滑尺上分布两个激磁绕组，分别称为正弦绕组（sin绕组）和余弦绕组（cos 绕组）。它们在长度方向上相差 1/4 节距。

当滑尺的两个励磁绕组分别施加相同频率和相同幅值，但相位相差 90° 的两个电压时，定尺感应电势相应随滑尺位置而变。设

$$U_s = U_m \sin \omega t \tag{3-3}$$

$$U_c = U_m \cos \omega t \tag{3-4}$$

则

$$
\begin{aligned}
U_2 &= U_2' + U_2'' \\
&= KU_m \sin \omega t \cos \theta + KU_m \cos \omega t \sin \theta \\
&= KU_m \sin(\omega t + \theta)
\end{aligned}
\tag{3-5}
$$

从上式可以看出，感应同步器把滑尺相对定尺的位移 $x$ 的变化转成感应电势相角 $\theta$ 的变化，因此，只要测得相角 $\theta$，就可以知道滑尺的相对位移 $x$，即

$$x = \frac{\theta}{360°} T \tag{3-6}$$

**3. 磁栅**

磁栅是利用电磁特性来进行机械位移的检测，主要用于大型机床和精密机床作为位置或位移量的检测元件。磁栅和其他类型的位移传感器相比，具有结构简单、使用方便、动态范围大（1～20m）和磁信号可以重新录制等特点。其缺点是需要屏蔽和防尘。

磁栅的工作原理如图 3.5 所示。它由磁尺（磁栅）、磁头、检测电路等部分组成。磁尺是采用录磁的方法，在一根基体表面涂有磁性膜的尺子上，记录下一定波长的磁化信号，以此作为基准

刻度标尺。磁头把磁栅上的磁信号检测出来并转换成电信号。检测电路主要用来供给磁头激励电压和磁头检测到的信号转换为脉冲信号输出。

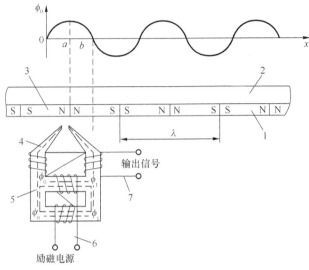

图 3.5　磁栅工作原理

1—磁性膜；2—基体；3—磁尺；4—磁头；5—铁心；6—励磁绕组；7—拾磁绕组

磁栅按用途分为长磁栅与圆磁栅两种。长磁栅用于直线位移测量，圆磁栅用于角位移测量。

## 3.2.2　角位移检测传感器

### 1．旋转变压器

旋转变压器是一种利用电磁感应原理将转角变换为电压信号的传感器，具有结构简单、动作灵敏、对环境无特殊要求、输出信号大、抗干扰好等特点，因此被广泛应用于机电一体化产品中。

旋转变压器是一种旋转式的交流电机，它由定子和转子组成。定子绕组为变压器的原边，转子绕组为变压器的一次侧。旋转变压器一次侧的输出电压随转子转角的位置不同而变化。当从一定频率（频率通常为 400Hz、500Hz、1 000Hz、5 000Hz 等几种）的激磁电压加于定子绕组时，转子绕组的电压幅值与转子转角成正弦、余弦函数关系，或在一定转角范围内与转角成正比关系。前一种旋转变压器称为正余弦旋转变压器，适用于大角位移的绝对测量；后一种旋转变压器称为线性旋转变压器，适用于小角位移的相对测量。

如图 3.6 所示，旋转变压器一般做成两极电机的形式。在定子上有激磁绕组和辅助绕组，它们的轴线相互成 90°。在转子上有两个输出绕组——正弦输出绕组和余弦输出绕组，这两个绕组的轴线也互成 90°，一般将其中一个绕组（如 $Z_1$、$Z_2$）短接。

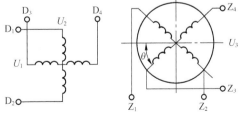

图 3.6　正余弦变压器原理图

$D_1 D_2$—激磁绕组；$D_3 D_4$—辅助绕组；$Z_1 Z_2$—余弦输出绕组；$Z_3 Z_4$—正弦输出绕组

旋转变压器的测量方式：当定子绕组中分别通以幅值和频率相同、相位相差为 90°的交变激磁电压时，便可在转子绕组中得到感应电势 $U_3$，根据线性叠加原理，$U_3$ 值为激磁电压 $U_1$ 和 $U_2$

的感应电势之和，即

$$U_1 = U_m \sin \omega t \tag{3-7}$$

$$U_2 = U_m \cos \omega t \tag{3-8}$$

$$U_3 = kU_1 \sin \theta + kU_2 \sin(90° + \theta) = kU_m \cos(\omega t - \theta) \tag{3-9}$$

式中，$k = w_1/w_2$——旋转变压器的变压比；

$w_1$、$w_2$——转子、定子绕组的匝数。

可见，测得转子绕组感应电压的幅值和相位，可间接测得转子转角 $\theta$ 的变化。

线性旋转变压器实际上也是正余弦旋转变压器，不同的是线性旋转变压器采用了特定的变压比 $k$ 和接线方式，如图 3.7（a）所示。这样使得在一定转角范围内（一般为±60°），其输出电压和转子转角 $\theta$ 成线性关系。此时输出电压为

$$U_3 = kU_1 \frac{\sin \theta}{1 + k \cos \theta} \tag{3-10}$$

根据式（3-10），选定变压比 $k$ 及允许的非线性度，则可推算出满足线性关系的转角范围如图 3.7（b）所示，如取 $k=0.54$，非线性度不超过±0.1%，则转子转角范围可以达到±60°。

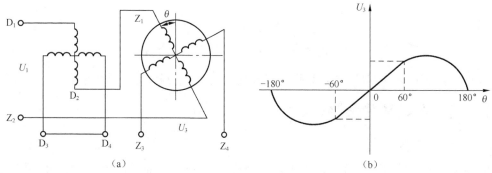

(a)　　　　　　　　　　　　　　(b)

图 3.7　线性旋转变压器原理图

## 2. 光电编码器

光电编码器是一种码盘式角度—数字检测元件。它有两种基本类型，一种是增量式编码器，另一种是绝对式编码器。增量式编码器具有结构简单、价格低、精度易于保证等优点，所以目前应用最多。绝对式编码器是把被测转角通过读取码盘上的图案信息直接转换成相应代码的检测元件。编码盘有光电式、接触式和电磁式 3 种。

光电式编码盘是目前应用较多的一种，它是在透明材料的圆盘上精确地印制上二进制编码。图 3.8 所示为 4 位二进制的编码盘，编码盘上各圈圆环分别代表一位二进制的数字码道，在同一个码道上印制黑白等间隔图案，形成一套编码。黑色不透光区和白色透光区分别代表二进制的"0"和"1"。在一个 4 位光电码盘上，有 4 圈数字码道，每一个码道表示二进制的一位，里侧是高位，外侧是低位，在 360° 范围内可编数码数为

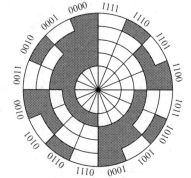

图 3.8　四位二进制的编码盘

$2^4=16$ 个。码道越多，能分辨最小角度越小。目前，编码盘的码道可做到 18 条，能分辨的最小角度 $\alpha = 360°/2^{18} = 0.001\ 4°$。

工作时，编码盘的一侧放置电源，另一边放置光电接收装置，每个码道都对应有一个光电管及放大、整形电路。编码盘转到不同位置，光电元件接收光信号，并转成相应的电信号，经放大整形后，成为相应数码电信号。

## 3.2.3　速度、加速度传感器

### 1. 直流测速发电机

直流测速发电机是一种测速元件，实际上它就是一台微型的直流发电机。根据定子磁极激磁方式的不同，直流测速发电机可分为电磁式和永磁式两种。按电枢的结构不同来分类，有无槽电枢、有槽电枢、空心杯电枢、圆盘电枢等。

测速发电机的结构有多种，但原理基本相同。图 3.9 所示为永磁式测速发电机原理电路图。恒定磁通由定子产生，当转子在磁场中旋转时，电枢绕组中即产生交变的电势，经换向器和电刷转换成正比的直流电势。

直流测速发电机的输出特性曲线如图 3.10 所示。从图中可以看出，当负载电阻 $R_L \to \infty$ 时，其输出电压 $V_0$ 与转速 $n$ 成正比。随着负载电阻 $R_L$ 变小，其输出电压下降，而且输出电压与转速之间并不能严格保持线性关系。由此可见，对于要求精度比较高的直流测速发电机，除采取其他措施外，负载电阻 $R_L$ 应尽量大。

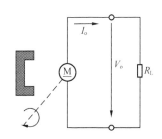

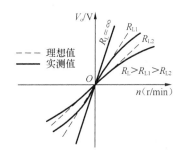

图 3.9　永磁式测速发电机原理图　　　　图 3.10　直流测速发电机输出特性

直流测速发电机的特点是输出斜率大、线性好，但由于有电刷和换向器，构造和维护比较复杂，摩擦转矩较大。直流测速发电机在机电控制系统中，主要用做测速和校正元件。在使用中，为了提高检测灵敏度，尽可能把它直接连接到电机轴上。值得注意的是有的电机本身就已安装了直流测速发电机。

### 2. 光电式速度传感器

光电式速度传感器的工作原理如图 3.11 所示。物体以速度 $V$ 通过光电池的遮挡板时，光电池输出阶跃电压信号，经微分电路形成两个脉冲输出，测出两脉冲之间的时间间隔 $\Delta t$，则可测得速度为

$$V = \Delta x / \Delta t \tag{3-11}$$

式中，$\Delta x$——光电池挡板上两孔间距，m。

光电式速度传感器是由装在被测轴（或与被测轴相连接的输入轴）上的带缝隙圆盘、光源、光电器件和指示缝隙盘组成，如图 3.12 所示。光源发出的光通过缝隙圆盘和指示缝隙盘照射到光电器件上，当缝隙圆盘随被测轴转动时，由于圆盘上的缝隙间距与指示缝隙的间距相同，因此圆盘每转一周，光电器件输出与圆盘缝隙数相等的电脉冲，根据测量时间 $t$ 内的脉冲数 $N$，则可测得转速为

$$n = \frac{60\,N}{Zt} \qquad (3\text{-}12)$$

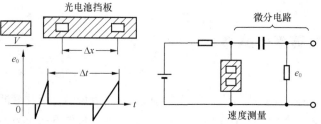

图 3.11　光电式速度传感器工作原理图

式中，$Z$——圆盘上的缝隙数；

　　　$n$——转速，r/min；

　　　$t$——测量时间，s。

　　一般取 $Zt = 60 \times 10m$（$m=0$，1，2…）。利用两组缝隙间距 $W$ 相同，位置相差（$i/2+1/4$）$W$（$i$ 为正整数）的指示缝隙和两个光电器件，则可辨别出圆盘的旋转方向。

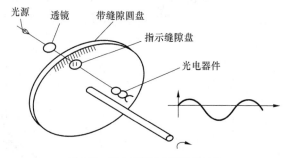

图 3.12　光电式转速传感器的结构

### 3. 差动变压器式速度传感器

　　差动变压器式速度传感器的工作原理如图 3.13 所示。差动变压器式的原边线圈同时供以直流和交流电流，即

$$i(t) = I_0 + I_m \sin \omega t \qquad (3\text{-}13)$$

式中，$I_0$——直流电流，A；

　　　$I_m$——交流电流的最大值，A；

　　　$\omega$——交流电流的角频率，rad/s。

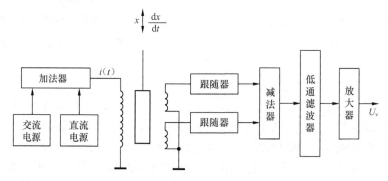

图 3.13　差动变压器式速度传感器的工作原理

当差动变压器以被测速度 $v=\mathrm{d}x/\mathrm{d}t$ 移动时，在其副边两个线圈中产生感应电势，将它们的差值通过低通滤波器滤除励磁高频角频率后，则可得到与速度 $v$（m/s）相对应的电压输出，即

$$U_v = 2kI_0 v \qquad (3\text{-}14)$$

式中，$k$——磁芯单位位移互感系数的增量，H/m。

差动变压器漂移小，其主要性能为：测量范围 10～2 000 mm/s（可调），输出电压±10V（max），输出电流±10mA（max），频带宽度≥500Hz。

**4．加速度传感器**

加速度传感器有多种形式，其工作原理大多是利用惯性质量受加速度所产生的惯性力而造成的各种物理效应，进一步转化成电量，来间接度量被测加速度。最常用的有应变式加速度传感器和压电加速度传感器等。

应变式加速度传感器的结构如图 3.14 所示，它由重块、悬臂梁、应变片、阻尼液体等构成。当有加速度时，重块受力，悬臂梁弯曲，按梁上固定的应变片的变形便可测出力的大小，在已知质量的情况下即可计算出被测加速度。壳体内灌满的黏性液体作为阻尼之用。这一系统的固有频率可以做得很低。

压电加速度传感器的结构如图 3.15 所示。使用时，传感器固定在被测物体上，感受该物体的振动，惯性质量块产生惯性力，使压电元件产生变形。压电元件产生的变形和由此产生的电荷与加速度成正比。压电加速度传感器可以做得很小，重量很轻，故对被测机构的影响很小。压电加速度传感器的频率范围广、动态范围宽、灵敏度高、应用较为广泛。

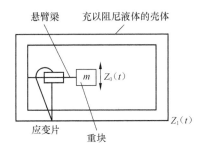

图 3.14　应变式加速度传感器

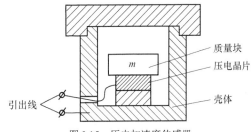

图 3.15　压电加速度传感器

图 3.16 所示为一种空气阻尼的电容式加速度传感器。该传感器采用差动式结构，有两个固定电极，两极板之间有一用弹簧支撑的质量块，此质量块的两端经过磨平抛光后作为可动极板。弹簧较硬使系统的固有频率较高，因此，构成惯性式加速度传感器的工作状态。当传感器测量垂直方向的振动时，由于质量块的惯性作用，使两固定极相对质量块产生位移，使电容 $C_1$、$C_2$ 中一个增大，另一个减小，它们的差值正比于被测加速度。由于采用空气阻尼，气体黏度的温度系数比液体小得多，因此，这种加速度传感器的精度较高，频率响应范围宽，可以测得很高的加速度值。

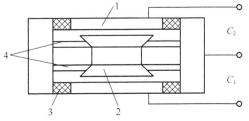

图 3.16　电容式加速度传感器

1—固定电极；2—质量块（动电极）；

3—绝缘体；4—弹簧片

### 3.2.4 测力传感器

在机电一体化工程中，力、压力和扭矩是很常用的机械参量。近年来，各种高精度力、压力和扭矩传感器的出现，更以其惯性小、响应快、易于记录、便于遥控等优点得到了广泛的应用。按其工作原理可分为弹性式、电阻应变式、电感式、电容式、压电式、磁电式等，而电阻应变式传感器应用较为广泛。

电阻应变式测力传感器的工作原理是基于电阻应变效应。粘贴有应变片的弹性元件受力作用时产生变形，应变片将弹性元件的应变转换为电阻值的变化，经过转换电路输出电压或电流信号。

1. 测力传感器

测力传感器按其量程大小和测量精度不同而有很多规格品种，它们的主要差别是弹性元件的结构形式不同，以及应变片在弹性元件上粘贴的位置不同。通常测力传感器的弹性元件有柱式、悬臂梁式等。

（1）柱式弹性元件。柱式弹性元件有圆柱形、圆筒形等几种，这种弹性元件结构简单、承载能力大，主要用于中等载荷和大载荷（可达数兆牛顿）的拉（压）力传感器。图 3.17 所示为柱式弹性元件及其电桥。

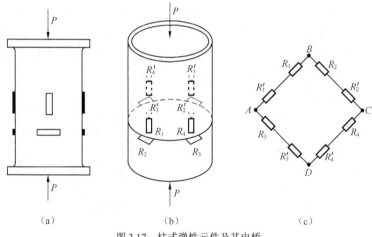

图 3.17　柱式弹性元件及其电桥

（2）悬臂梁式弹性元件。这种元件的特点是结构简单、加工方便、应变片粘贴容易、灵敏度较高，主要用于小载荷、高精度的拉（压）力传感器中，可测量 0.01N 到几千牛顿的拉（压）力。在同一截面正反两面粘贴应变片，并应贴在该截面中性轴的对称表面上。图 3.18 所示为悬臂梁式弹性元件及其电桥。

2. 压力传感器

压力传感器可以把压力变换成与之成比例的电压或电流信号输出。图 3.19 所示为一个压延轧辊凸面压力控制装置的示例。

电阻应变压力传感器主要用于测量流体压力，有时也用于测量土壤压力。同样，按传感器所用弹性元件分类有膜式、筒式等。

（1）膜式压力传感器。膜式压力传感器的弹性元件为四周固定的等截面圆形薄板，又称平膜板或膜片，其一表面承受被测分布压力，另一侧面粘有应变片或专用的箔式应变花，并组成电桥，如图 3.20 所示。

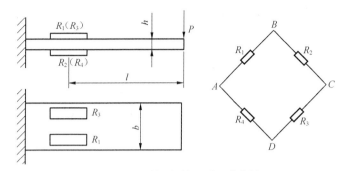

图 3.18 悬臂梁式弹性元件及其电桥

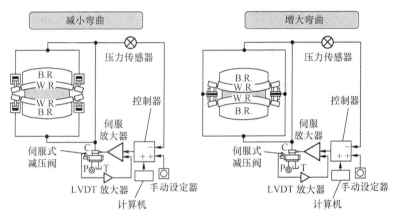

图 3.19 薄板的形状控制

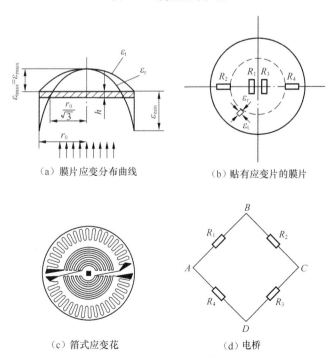

（a）膜片应变分布曲线 　　　　（b）贴有应变片的膜片

（c）箔式应变花 　　　　（d）电桥

图 3.20 膜式压力传感器

（2）筒式压力传感器。筒式压力传感器的弹性元件为薄壁圆筒，筒的底部较厚。这种弹性元件的特点：圆筒受到被测压力后表面各处的应变是相同的，因此，应变片的粘贴位置对所测应变无影响，如图 3.21 所示。工作应变片 $R_1$、$R_3$ 沿圆周方向粘贴在筒壁，温度补偿片 $R_2$、$R_4$ 粘贴在筒底外壁上，并连接成全桥线路，这种传感器适用于测量较大的压力。

（3）压阻式压力传感器。压阻式传感器的结构如图 3.22 所示，其核心部分是一圆形的硅膜片。在沿某晶向切割的 $N$ 型硅膜片上扩散 4 个阻值相等的 $P$ 型电阻，构成平衡电桥。硅膜片周边由硅杯固定，其下部是与被测系统相连的高压腔，上部为低压腔，通常与大气相通。在被测压力作用下，膜片产生应力和应变，$P$ 型电阻产生压阻效应，其电阻发生相对变化。

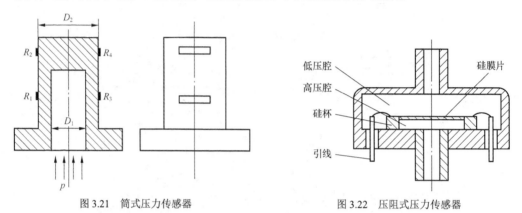

图 3.21　筒式压力传感器　　　　　　图 3.22　压阻式压力传感器

压阻式压力传感器适用于中、低压力、微压和压差测量。由于其弹性敏感元件与变换元件一体化，尺寸小且可微型化，固有频率很高。

### 3. 力矩传感器

图 3.23 所示为机器人手腕用力矩传感器原理，它是检测机器人终端环节（如小臂）与手爪之间力矩的传感器。目前，国内外研制腕力传感器种类较多，但使用的敏感元件几乎全都是应变片，不同的只是弹性结构有差异。图 3.23 中的驱动轴 B 通过装有应变片 A 的腕部与手部 C 连接。当驱动轴回转并带动手部回转而拧紧螺丝钉 D 时，手部所受力矩的大小可通过应变片电压的输出测得。

图 3.24 所示为无触点检测力矩的方法。传动轴的两端安装上磁分度圆盘 A，分别用磁头 B 检测两圆盘之间的转角差，用转角差与负荷 $M$ 成比例的关系，即可测量负荷力矩的大小。

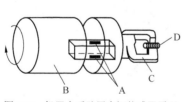

图 3.23　机器人手腕用力矩传感器原理

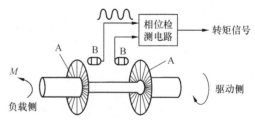

图 3.24　无触点力矩测量原理

### 4. 力与力矩复合传感器

图 3.25 所示为机器人十字架式腕力传感器。这是一种用来测量机械手与支座间的作用力，从而推算出机械手施加在工件上力的传感器。

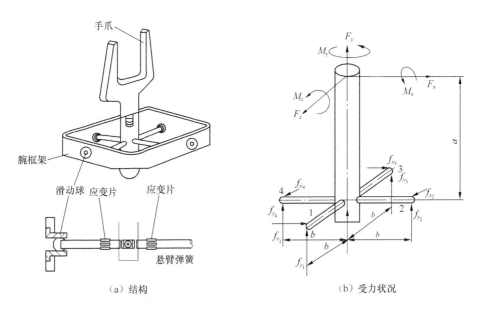

（a）结构 （b）受力状况

图 3.25 机器人十字架式腕力传感器原理

由图 3.25（a）可知，4 根悬臂梁以十字架结构固定在手腕轴上，各悬臂外端插入腕框架内侧的孔中。为使悬臂在相对弯曲时易于滑动，悬臂端部装有尼龙球。悬臂梁的截面可为圆形或正方形，每根梁的上下左右侧面各贴一片应变片，相对面上的两片应变片构成一组半桥。通过测量一个半桥的输出，即可测出一个参数。整个手腕通过应变片，可检测出 8 个参数，即 $f_{x_1}$、$f_{x_2}$、$f_{x_3}$、$f_{x_4}$、$f_{y_1}$、$f_{y_2}$、$f_{y_3}$、$f_{y_4}$。利用这些参数可计算出手腕顶端 $x$、$y$、$z$ 3 个方向上的力 $F_x$、$F_y$、$F_z$ 和力矩 $M_x$、$M_y$、$M_z$。作用在手腕上各力或力矩的参数如图 3.25（b）所示。

图 3.26 所示为机器人腕力传感器原理。图中 $P_{x+}$、$P_{x-}$为在 $y$ 方向施力时，产生与施力大小成正比的弯曲变形的挠性杆，杆的两侧贴有应变片，检测应变片的输出即可知道 $y$ 向受力的大小。$P_{y+}$、$P_{y-}$为在 $x$ 方向施力时，产生与施力大小成正比的弯曲变形的挠性杆，杆的两侧贴有应变片，检测应变片的输出即可知道 $x$ 向受力的大小。$Q_{x+}$、$Q_{x-}$、$Q_{y+}$、$Q_{y-}$为检测 $z$ 向施力大小的挠性杆，原理同上。综合应用上述挠性杆也可测量手腕所受回转力矩的大小。

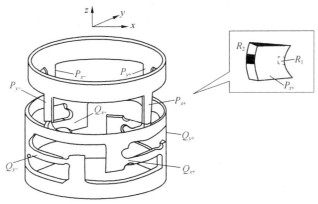

图 3.26 机器人腕力传感器原理

应用腕力传感器，可以控制机械手进行孔轴装配、棱线跟踪、物体表面平面区域的方向检测等作业。

## 3.2.5 其他传感器

### 1. CCD 图像传感器

固态图像传感器是采用光电转换原理，将被测物体的光像转换为电子图像信号输出的一种大规模集成电路光电元件，常称为电荷耦合器件（CCD）。其工作过程：首先由光学系统将被测物体成像在 CCD 的受光面上，受光面下的许多光敏单元形成了许多像素点，这些像素点将投射到它的光强转换成电荷信号并存储；然后在时钟脉冲信号控制下，将反映光像的被存储电荷信号读取并顺序输出，从而完成从光图像到电信号的转换过程。

图像传感器体积小，析像度高，功耗小，广泛用于非接触的尺寸、形状、损伤的测量，以及图像处理和自动控制等领域。固态图像传感器依其光敏元排列方式分为线型、面型等几种。已应用的有 1 024、1 728、2 048、4 096 像素的线型传感器和 32×32、100×100、320×244、490×400 以及 28～38 万、130 万像素的面型传感器。CCD 图像传感器在生产自动化中得到广泛应用。它可以判别被测物体的位置、尺寸、形状和异物的混入。CCD 图像传感器检测工件尺寸的测量系统如图 3.27 所示。通过透镜将被测工件放大成像于 CCD 传感器的光敏阵列上，由视频处理器将 CCD 输出信号进行存储和数字处理，并将测得结果显示或判断，可实现对工件形状和尺寸的非接触测量。

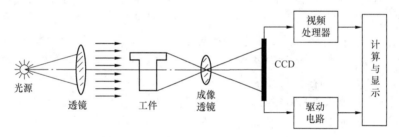

图 3.27　CCD 图像传感器检测工件尺寸的测量系统

### 2. 激光检测

激光检测主要是利用激光的方向性、单色性、相干性以及随时间、空间的可聚焦性的特点，无论在测量精确度和测量范围上都具有明显的优越性。例如，利用其方向性做成激光准直仪和激光经纬仪；利用其单色性和相干性，以激光为光源的干涉仪可实现对长度、位移、厚度、表面形状和表面粗糙度等的检测；将激光束以不同形式照射在运动的固体或流体上，产生多普勒效应（又称 LDA），可测量运动物体速度、流体浓度、流量等。

组成激光测速系统的主要光学部件有激光光源、入射光系统、收集光系统等。

激光多普勒流速计原理如图 3.28 所示。激光器发射出的单色平行光，经透镜聚集到被测流体内，由于流体中存在着运动粒子，一些光波散射，散射光与未散射光之间产生频移，它与流体速度成正比。图中散射光由接收透镜 6 收集，未散射光由接收透镜 5 收集，最后在光电倍增管 9 中进行混频后输出信号。该信号输入到频率跟踪器内进行处理，获得与多普勒频移 $f_d$ 相应的模拟信号，从测得的 $f_d$ 值可得到粒子运动速度，从而获得流体流速。

激光测速是一种非接触测量，对被测物体无任何干扰。在实现自动测量时，一般采用多普勒信号处理器接收来自光电接收器的电信号，从中取出速度信息，把这些信息传输给计算机进行分析和显示。

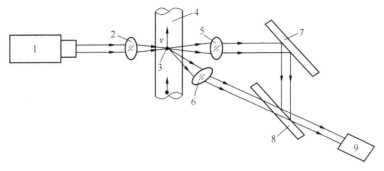

图 3.28　激光多普勒流速计原理

1—激光器；2—聚焦透镜；3—粒子；4—管道；5、6—接收透镜；7—平面镜；8—分光镜；9—光电倍增管

### 3. 超声波检测

频率为 $16 \sim 2 \times 10^4 Hz$ 的机械波，能为人耳所闻，称为声波；低于 16Hz 的机械波称为次声波；高于 $2 \times 10^4 Hz$ 的机械波，称为超声波。检测用的超声波频率通常在几十万赫兹以上，这时它的波长很短，方向性好，易于形成光束。超声波在介质中传播时，与光波相似。它遵循几何光学的基本规律，具有反射、折射、聚焦等特性。这些都是超声波检测的应用基础。超声波被用于无损探伤、厚度测量、流速测量、黏度测量等。

超声波检测的基本原理是利用某些非声量的物理量（如密度、流量等）与描述超声波介质声学特性的超声量（声速、衰减、声阻抗）之间存在着直接或间接的关系。探索到这些规律，通过超声量的测定来测出某些被测物理量。

超声波检测多采用超声波源向被测介质发射超声波，然后接收与被测介质相作用之后的超声波，从中得到所需信息，其检测过程如图 3.29 所示。

图 3.29　超声波检测过程

 你还能举出其他类型的传感器吗？

## 3.3　传感器的基本特性

在机电一体化系统中有各种不同的物理量需要监测和控制，这就要求传感器能感受被测非电量并将其转换成与被测量有一定函数关系的电量。传感器所测量的非电量处在不断的变化之中，传感器能否将这些非电量的变化不失真地转换成相应的电量，取决于传感器的输入—输出特性。传感器这一基本特性可用静态特性和动态特性来描述。

### 3.3.1 传感器的静态特性

传感器的静态特性是指当被测量信号处于稳定状态下，传感器的输入与输出值之间的关系。传感器静态特性的主要技术指标有：线性度、灵敏度、迟滞、重复性等。

**1. 线性度**

传感器的线性度是指传感器实际输入—输出特性曲线与理论直线之间的最大偏差与输出满度值之比，即

$$\gamma_L = \pm \frac{\Delta_{max}}{y_{FS}} \times 100\% \tag{3-15}$$

式中，$\gamma_L$——线性度；

$\Delta_{max}$——最大非线性绝对误差；

$y_{FS}$——输出满度值。

**2. 灵敏度**

传感器的灵敏度是指传感器在稳定标准条件下，输出量的变化量与输入量的变化量之比，即

$$S_0 = \frac{\Delta y}{\Delta x} \tag{3-16}$$

式中，$S_0$——灵敏度；

$\Delta y$——输出量的变化量；

$\Delta x$——输入量的变化量。

对于线性传感器来说，其灵敏度是个常数。

**3. 迟滞**

传感器在正（输入量增大）反（输入量减小）行程中，输入—输出特性曲线不重合的程度称为迟滞，迟滞误差一般以满量程输出 $y_{FS}$ 的百分数表示

$$\gamma_H = \pm \frac{\Delta H_m}{y_{FS}} \times 100\% \tag{3-17}$$

式中，$\Delta H_m$——输出值在正、反行程间的最大差值。

迟滞特性一般由实验方法确定。

**4. 重复性**

传感器在同一条件下，被测输入量按同一方向作全量程连续多次重复测量时，所得输入—输出曲线的不一致程度，称重复性。重复性误差用满量程输出的百分数表示，也用实验方法确定，常用绝对误差表示。

**5. 分辨力**

传感器能检测到的最小输入增量称分辨力，在输入零点附近的分辨力称为阈值。

**6. 零漂**

传感器在零输入状态下，输出值的变化称为零漂，零漂既可用相对误差表示，也可用绝对误差表示。

### 3.3.2 传感器的动态特性

传感器测量静态信号时，由于被测量不随时间变化，测量和记录过程不受时间限制。而实际

中大量的被测量是随时间变化的动态信号，传感器的输出不仅需要精确地显示被测量的大小，还要显示被测量随时间变化的规律，即被测量的波形。传感器能测量动态信号的能力用动态特性表示。动态特性是指传感器测量动态信号时，输出对输入的响应特性。传感器动态特性的性能指标可以通过时域、频域以及试验分析的方法确定，其动态特性参数有最大超调量、上升时间、调整时间、频率响应范围、临界频率等。

动态特性好的传感器，其输出量随时间的变化规律将再现输入量随时间的变化规律，即它们具有同一时间函数。但是，除了理想情况以外，实际传感器的输出信号与输入信号不会具有相同的时间函数，由此引起动态误差。

# 3.4 传感器的发展方向

由于传感器位于检测系统的入口，是获取信息的第一个环节，因此，它的精度、可靠性、稳定性、抗干扰性等直接关系到机电一体化产品的整体性能指标。传感器的研究与开发一直受到人们的重视，传感器的性能不断提高，主要表现在以下几个方面。

1. 新型传感器的开发

鉴于传感器的工作机理是基于各种效应和定律，由此启发人们进一步发现新现象、采用新原理、开发新材料、采用新工艺，并以此研制出具有新原理的新型物性型传感器，这是发展高性能、多功能、低成本和小型化传感器的重要途径。总之，传感器正经历着从以结构型为主转向以物性型为主的过程。

2. 传感器的集成化和多功能化

随着微电子学、微细加工技术和集成化工艺等方面的发展，出现了多种集成化传感器。这类传感器，或是同一功能的多个敏感元件排列成线性、面型的阵列型传感器；或是多种不同功能的敏感元件集成一体，成为可同时进行多种参数测量的传感器；或是传感器与放大、运算、温度补偿等电路集成一体具有多种功能——实现了横向和纵向的多功能。

3. 传感器的智能化

"电五官"与"电脑"的相结合，就是传感器的智能化。智能化传感器不仅具有信号检测、转换功能，同时还具有记忆、存储、解析、统计处理及自诊断、自校准、自适应等功能。如果进一步将传感器与计算机的这些功能集成于同一芯片上，就成为智能传感器。

# 3.5 传感器的正确选择和使用

1. 传感器的选择

无论何种传感器，作为测量与控制系统的首要环节，通常都必须具有快速、准确、可靠且又经济的实现信息转换的基本要求。

选择传感器应从以下几个方面考虑。

（1）测试要求和条件。测量目的、被测物理量选择、测量范围、输入信号最大值和频带宽度、测量精度要求、测量所需时间要求等。

（2）传感器特性。精度、稳定性、响应速度、输出量性质、对被测物体产生的负载效应、校正周期、输入端保护等。

（3）使用条件。安装条件、工作场地的环境条件（温度、湿度、振动等）、测量时间、所需功率容量、与其他设备的连接、备件与维修服务等。

以上是选择传感器的主要考虑出发点。总之，为了提高测量精度，应从传感器的使用目的、使用环境、被测对象状况、精度要求、信号处理等条件综合考虑，注意传感器的工作范围要足够大；与测量或控制系统相匹配性好，转换灵敏度高和线性程度好；响应快，工作可靠性好；精度适当，且稳定性好；适用性和适应性强，即动作能量小，对被测量状态影响小；内部噪声小而又不易受外界干扰的影响，使用安全；使用经济，即成本低、寿命长，且易于使用、维修和校准。

**2．传感器的正确使用**

传感器的正确使用是指传感器的输出特性的线性化处理和补偿、传感器的标定和抗干扰措施。

（1）线性化处理与补偿。在机电一体化测控系统中，特别是需对被测参量进行显示时，总是希望传感器及检测电路的输入和输出特性呈线性关系，使测量对象在整个刻度范围内灵敏度一致，以便于读数及对系统进行分析处理。但是大多数传感器具有不同程度的非线性特性，这使较大范围的动态检测存在着很大的误差。在使用模拟电路组成检测回路时，为了进行非线性补偿，通常采用与传感器输入—输出特性相反特性的元件，通过硬件进行线性化处理。另外，在含有微型计算机的测量系统中，这种非线性补偿可以用软件来完成，其补偿过程较简单，精确度也很高，减少了硬件电路的复杂性。

当输出量中包含有被测物理量之外的因素时，为了克服这些因素的影响需要采取相应的措施加以补偿，如外界环境温度变化，将会使测量系统产生附加误差，影响测量精度，因此有必要对温度进行补偿。

（2）传感器的标定。传感器的标定，就是利用精度高一级的标准量具对传感器进行定度的过程，从而确定其输出量和输入量之间的对应关系，同时也确定不同使用条件下的误差关系。传感器使用前要进行标定，使用一段时间后还要定期进行校正，检查精度性能是否满足原设计指标。

（3）抗干扰措施。传感器大多要在现场工作，而现场的条件往往是不可预料的，有时是极其恶劣的。各种外界因素要影响传感器的精度和性能，所以在检测系统中，抗干扰是非常重要的，尤其是在微弱输入信号的系统中。常采用的抗干扰措施有屏蔽、接地、隔离、滤波等。

① 屏蔽。屏蔽就是用低电阻材料或磁性材料把元件、传输导线、电路及组合件包围起来，以隔离内外电磁或电场的相互干扰。屏蔽可分为3种，即电场屏蔽、磁场屏蔽及电磁屏蔽。电场屏蔽主要用来防止元器件或电路间因分布电容耦合形成的干扰。磁场屏蔽主要用来消除元器件或电路间因磁场寄生耦合产生的干扰，磁场屏蔽的材料一般都选用高磁导系数的磁性材料。电磁屏蔽主要用来防止高频电磁场的干扰，电磁屏蔽的材料应选用导电率较高的材料，如铜、银等，利用电磁场在屏蔽金属内部产生涡流而起屏蔽作用。电磁屏蔽的屏蔽体可以不接地，但一般为防止分布电容的影响，可以使电磁屏蔽的屏蔽体接地，起到兼有电场屏蔽的作用。电场屏蔽体必须可靠接地。

② 接地。电路或传感器中的地指的是一个等电位点,它是电路或传感器的基准电位点,与基准电位点相连接,就是接地。传感器或电路接地,是为了清除电流流经公共地线阻抗时产生噪声电压,也可以避免受磁场或地电位差的影响。把接地和屏蔽正确结合起来使用,就可抑制大部分的噪声。

③ 隔离。当电路信号在两端接地时,容易形成地环路电流,引起噪声干扰。这时,常采用隔离的方法,把电路的两端从电路上隔开。隔离的方法主要采用变压器隔离和光电耦合器隔离。

在两个电路之间加入隔离变压器可以切断地环路,实现前后电路的隔离,变压器隔离只适用于交流电路。在直流或超低频测量系统中,常采用光电耦合的方法实现电路的隔离。

④ 滤波。虽然采取了上述的一些抗干扰措施,但仍会有一些噪声信号混杂在检测信号中,因此,检测电路中还常设置滤波电路,对由外界干扰引入的噪声信号加以滤除。

滤波电路或滤波器是一种能使某一种频率顺利通过而另一种频率受到较大衰减的装置。因传感器的输出信号大多数是缓慢变化的,因而对传感器输出信号的滤波常采用有源低通滤波器,它只允许低频信号通过而不能通过高频信号。有些传感器需用高通滤波器,有时还要使用带通滤波器和带阻滤波器。总之,由于检测系统的不同需要,应选用不同的滤波电路。

# 3.6 检测信号采集与处理

## 1. 检测系统的组成

检测系统的组成首先跟传感器输出的信号形式和仪器的功能有关,并由此决定检测系统的类型。

(1) 模拟信号检测系统。模拟式传感器是目前应用最多的传感器,如电阻式、电感式、电容式、压电式、磁电式、热电式等传感器均输出模拟信号,其输出是与被测物理量相对应的连续变化的电信号。检测系统的基本组成如图 3.30 所示。

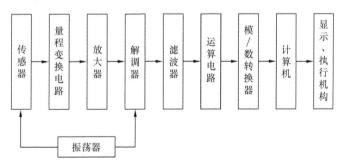

图 3.30 模拟信号检测系统的基本组成

在图 3.30 中,振荡器用于对传感器信号进行调制,并为解调提供参考信号;量程变换电路的作用是避免放大器饱和并满足不同测量范围的需要;解调器用于将已调制信号恢复成原有形式;滤波器可将无用的干扰信号滤除,并取出代表被测物理量的有效信号;运算电路可对信号进行各种处理,以正确获得所需的物理量,其功能也可在对信号进行模/数转换后,由数字计算机来实现;计算机对信号进行进一步处理后,可获得相应的信号去控制执行机构,而在不需要执行机构的检测系统中,计算机则将有关信息送去显示或打印输出。

在具体的机电一体化产品的检测系统中，也可能没有图 3.30 中的某些部分或增加一些其他部分，如有些传感器可不进行调制与解调，而直接进行阻抗匹配、放大、滤波等。

（2）数字信号检测系统。数字式传感器可直接将被测物理量转换成数字信号输出，既可提高检测精度、分辨率及抗干扰能力，又易于信号的运算处理、存储和远距离传输，因此，尽管目前数字式传感器品种还不很多，但却得到了越来越多的应用。最常见的数字式传感器有光栅、磁栅、容栅、感应同步器、光电编码器等，主要用于几何位置、速度等的测量。

数字信号检测系统有绝对码数字式和增量码数字式。当传感器输出的编码与被测物理量一一对应，称为绝对码。绝对码检测系统如图 3.31 所示。每一码道的状态由相应光电元件读出，经光电转换和放大整形后，得到与被测物理量相对应的编码。纠错电路纠正由于各个码道刻划误差而可能造成的粗大误差。采用循环码（格雷码）传感器时则先转换为二进制码，再译码输出。

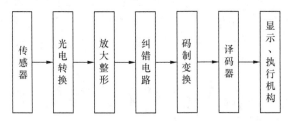

图 3.31　绝对码数字信号检测系统

当传感器输出增量码信号，即信号变化的周期数与被测物理量成正比，其增量码数字信号检测系统的典型组成如图 3.32 所示。

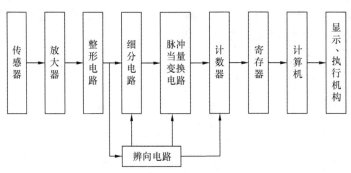

图 3.32　增量码数字信号检测系统

在图 3.32 中，传感器的输出多数为正弦波信号，需先经放大、整形后变成数字脉冲信号。在精度要求不高和无须辨向时，脉冲信号可直接送入计数器和计算机，但在多数情况下，为提高分辨率，常采用细分电路使传感器信号每变化 $1/n$ 个周期计一个数，其中 $n$ 称为细分数。辨向电路用于辨别被测物理量的变化方向。当脉冲信号所对应的被测物理量不便读出和处理时，需进行脉冲当量变换。计算机可对信号进行复杂的运算处理，并将结果直接送去显示或打印输出，或求取控制量去控制执行机构。

（3）开关信号检测系统。传感器的输出信号为开关信号，如光电开关和电触点开关的通断信号等。这类信号的测量电路实质为功率放大电路。

## 2. 数字信号的预处理

传感器的输出信号被采入计算机后往往要先进行适当的预处理，其目的是去除混杂在有用信号中的各种干扰，并对检测系统的非线性、零位误差、增益误差等进行补偿和修正。数字信号预处理一般用软件的方法来实现。

（1）数字滤波。混杂在有用信号中的干扰信号有两大类：周期性干扰和随机性干扰。典型的周期干扰是 50Hz 的工频干扰，采用积分时间为 20ms 整数倍的双积分型 A/D 转换器，可有效地消除其影响。对于随机性干扰，可采用数字滤波的方法予以削弱或消除。

数字滤波实质上是一种程序滤波，与模拟滤波相比具有如下优点：不需要额外的硬件设备，不存在阻抗匹配问题，可以使多个输入通道共用一套数字滤波程序，从而降低了仪器的硬件成本；可以对频率很低或很高的信号实现滤波；可以根据信号的不同而采用不同的滤波方法或滤波参数，灵活、方便、功能强。数字滤波的方法很多，下面介绍几种常用的方法。

① 中值滤波。中值滤波方法对缓慢变化的信号中由于偶然因素引起的脉冲干扰具有良好的滤除效果。其原理是，对信号连续进行 $n$ 次采样，然后对采样值排序，并取序列中位值作为采样有效值。程序算法就是通用的排序算法。采样次数 $n$ 一般取为大于 3 的奇数。当 $n>5$ 时排序过程比较复杂，可采用"冒泡"算法。

② 算术平均滤波。算术平均滤波方法的原理：对信号连续进行 $n$ 次采样，以其算术平均值作为有效采样值。该方法对压力、流量等具有周期脉动特点的信号具有良好的滤波效果。采样次数 $n$ 越大，滤波效果越好，但灵敏度也越低，为便于运算处理，常取 $n=4$、8、16。

③ 滑动平均滤波。在中值滤波和算术平均滤波方法中，每获得一个有效的采样数据必须进行 $n$ 次采样，当采样速度较慢或信号变化较快时，系统的实时性往往得不到保证。采用滑动平均滤波的方法可以避免这一缺点。该方法采用循环队列作为采样数据存储器，队列长度固定为 $n$，每进行一次新的采样，把采样数据放入队尾，扔掉原来队首的一个数据。这样，在队列中始终有 $n$ 个最新的数据。对这 $n$ 个最新数据求取平均值，作为此次采样的有效值。这种方法每采样一次，便可得到一个有效采样值，因而速度快，实时性好，对周期性干扰具有良好的抑制作用。图 3.33 所示为滑动平均滤波程序的流程图。

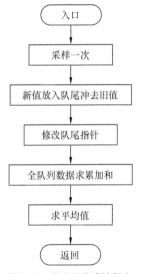

图 3.33　滑动平均滤波程序的流程图

④ 低通滤波。当被测信号缓慢变化时，可采用数字低通滤波的方法去除干扰。数字低通滤波器是用软件算法来模拟硬件低通滤波的功能。该滤波器算法相当于一个具有较大惯性的一阶惯性环节，模拟了低通滤波器的功能。

（2）静态误差补偿。

① 非线性补偿。在机电一体化产品中，常用软件方法对传感器的非线性传输特性进行补偿校正，以降低对传感器的要求。图 3.34（a）所示为传感器的非线性校正系统。当传感器及其调理电路至 A/D 转换器的输入—输出有非线性时，如图 3.34（b）所示，可按图 3.34（c）所示的反非线性特性进行转换，进行非线性的校正，使输出 $y$ 与输入 $x$ 呈理想线性关系，如图 3.34（d）所示。

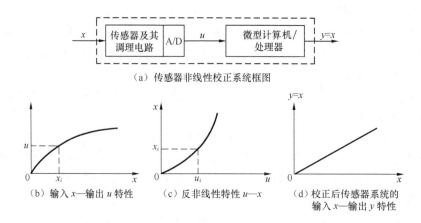

（a）传感器非线性校正系统框图

（b）输入 x—输出 u 特性　　（c）反非线性特性 u—x　　（d）校正后传感器系统的
　　　　　　　　　　　　　　　　　　　　　　　　　　　　　　输入 x—输出 y 特性

图 3.34　传感器的非线性校正系统

② 零位误差补偿。检测系统的零位误差是由温度漂移和时间漂移引起的。采用软件对零位误差进行补偿的方法又称为数字调零，其原理如图 3.35 所示。多路模拟开关可在微机控制下将任一路被测信号接通，并经测量及放大电路和 A/D 转换器后，将信号采入微机。在测量时，先将多路开关接通某一被测信号，然后将其切换到零信号输入端，由微机先后对被测物理量和零信号进行采样，设采样值分别为 $x$ 和 $a_0$，其中 $a_0$ 即为零位误差，由微机执行下列运算：$y = x - a_0$，就可得到经过零位误差补偿后的采样值 $y$。

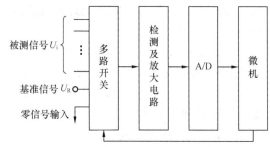

图 3.35　数字调零及全自动校准原理

（3）增益误差补偿。增益误差同样是由温度漂移和时间漂移等引起的。增益误差补偿又称为校准，采用软件方法可实现全自动校准，其原理与数字调零相似。在检测系统工作时，可每隔一定时间自动校准一次。

### 计算机虚拟仪器

进入 20 世纪 90 年代后，随着个人计算机价格的大幅度降低，出现了用 pc 机、仪器板卡以及应用软件构成的计算机虚拟仪器。虚拟仪器采用计算机开放体系结构来取代传统的单机测量仪器。将传统测量仪器中的公共部分（如电源、操作面板、显示屏幕、通信总线和 cpu）集中起来用计算机共享，通过计算机仪器扩展板卡和应用软件在计算机上实现多种物理仪器。虚拟仪器的突出优点是与计算机技术结合，仪器就是计算机，主机供货渠道多、价格低、维修费用低，并能进行升级换代；虚拟仪器的功能由软件确定，不必担心仪器是否能永远保持出厂时既定的功能模式，用户可以根据实际生产环境变化的需要，通过更换应用软件来拓展虚拟仪器的功能，适应科研和生产的需要；另外，虚拟仪器能与计算机的文件存储、数据库和网络通讯等功能相结合，具有很大的灵活性和拓展空间。在现代网络化、计算机化的生产、制造环境中，虚拟仪器更能适应现代制造业复杂、多变的应用需求，能更迅速、更经济、更灵活地解决工业生产、新产品实验中的测试问题。图 3.36 所示为 National Instrument 公司提出的计算机虚拟仪器。

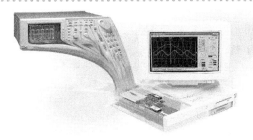

图 3.36  National Instrument 公司提出的计算机虚拟仪器

# 小结

本章介绍了常见传感器，传感器的基本特性、发展方向，传感器的正确选择和使用。

（1）传感器的定义、分类

（2）机电一体化对检测系统的基本要求。

① 精度、灵敏度、分辨率高。

② 线性、稳定性和重复性好。

③ 抗干扰能力强。

④ 静、动态特性好。

⑤ 此外，还要求体积小、质量轻、价格便宜、便于安装与维修，耐环境性能好等。

（3）常见的传感器。

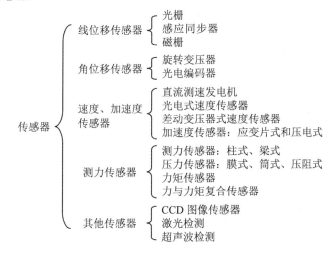

（4）传感器特性。

静态特性：直线度、灵敏度、迟滞性、重复性。

动态特性：传递函数、时间响应函数、频率响应函数和脉冲响应函数。

（5）传感器的发展方向。

① 新型传感器的开发。

② 传感器的集成化和多功能化。

③ 传感器的智能化。

（6）传感器的选择。

① 测试要求和条件。

② 传感器特性。

③ 使用条件。

（7）传感器的正确使用。

① 传感器的输出特性的线性化处理和补偿。

② 传感器的标定。

③ 抗干扰措施：屏蔽、接地、隔离和滤波。

# 思考与练习

### 1. 判断题

（1）光栅是计数型传感器。 （　　）

（2）数字式传感器可直接将被测量转换成数字信号输出。 （　　）

（3）开关信号的测量电路实质为功率放大电路。 （　　）

（4）检测系统的零位误差是由温度漂移和时间漂移引起的。 （　　）

（5）当被测信号缓慢变化时，可采用数字低通滤波的方法去除干扰。 （　　）

（6）检测系统是机电一体化产品中的一个重要组成部分，用于实现检测功能。 （　　）

（7）凡是应用到传感器的地方，必然伴随着相应的检测系统。 （　　）

（8）传感器按输出信号的性质分类，分为开关型、模拟型和数字型。 （　　）

（9）开关型传感器只输出"1"和"0"或开（ON）和关（OFF）两个值。 （　　）

（10）光栅主要由标尺光栅和光栅读数头两部分组成。 （　　）

（11）计量光栅有长光栅和圆光栅两种，是数控机床和数显系统常用的检测元件。 （　　）

（12）旋转变压器一次侧的输出电压随转子转角的位置不同而变化。 （　　）

（13）光电编码器是一种码盘式角度—数字检测元件。 （　　）

### 2. 选择题

（1）每进行一次新的采样，把采样数据放入队尾，扔掉原来队首的一个数据。这样，在队列中始终有 $n$ 个最新的数据。对这 $n$ 个最新数据求取平均值，作为此次采样的有效值，这种方法叫做（　　）。

　　　　A．中值滤波　　B．算术平均滤波　　　C．滑动平均滤波　　　D．低通滤波

（2）为测得在同一瞬时各传感器输出的模拟信号，须采取（　　　）。

A．采样/保持器模块各传感器独立，A/D 转换器共用

B．A/D 转换器各传感器独立，采样/保持模块器共用

C．采样/保持器模块与 A/D 转换器全独立

D．采样/保持器模块与 A/D 转换器全共用

（3）在机电一体化测控系统中，用软件实现的数字滤波方法越来越广泛的得到应用。下列不属于数字滤波的方法的是（　　　）。

    A．中值滤波　　　　B．算术平均滤波　　　C．滑动平均滤波　　　D．插值法表示正弦

（4）在（　　　）中，传感器及其检测系统已成为机与电有机结合的一个重要纽带。

    A．机电一体化产品　B．机电产品　　　　　C．机械产品　　　　　D．电气产品

（5）光栅是利用光的透射、衍射现象制成的光电检测元件，也称为（　　　）。

    A．光电脉冲发生器　B．电脉冲发生器　　　C．光发生器　　　　　D．光脉冲发生器

（6）感应同步器是利用电磁感应原理把两个平面绕组间的位移量转换成电信号的一种（　　　）。

    A．位移传感器　　　B．线移传感器　　　　C．角移传感器　　　　D．脉冲发生器

（7）（　　　）按测量机械位移的对象不同可分为直线型和圆盘型两类，分别用来检测直线位移和角位移。

    A．感应同步器　　　B．光栅　　　　　　　C．磁栅　　　　　　　D．脉冲发生器

（8）（　　　）是利用电磁特性来进行机械位移的检测，主要用于大型机床和精密机床作为位置或位移量的检测元件。

    A．感应同步器　　　B．光栅　　　　　　　C．磁栅　　　　　　　D．脉冲发生器

（9）（　　　）是采用录磁的方法，在一根基体表面涂有磁性膜的尺子上，记录下一定波长的磁化信号，以此作为基准刻度标尺。

    A．感应同步器　　　B．光栅　　　　　　　C．磁栅　　　　　　　D．磁尺

（10）（　　　）按用途分为长磁栅与圆磁栅两种。长磁栅用于直线位移测量，圆磁栅用于角位移测量。

    A．感应同步器　　　B．光栅　　　　　　　C．磁栅　　　　　　　D．磁尺

（11）（　　　）是一种旋转式的交流电机，它由定子和转子组成。

    A．感应同步器　　　B．光电编码器　　　　C．脉冲发生器　　　　D．旋转变压器

（12）（　　　）工作时，编码盘的一侧放置电源，另一边放置光电接收装置，每个码道都对应有一个光电管及放大、整形电路。编码盘转到不同位置，光电元件接收光信号，并转成相应的电信号，经放大整形后，成为相应数码电信号。

    A．感应同步器　　　B．光电编码器　　　　C．脉冲发生器　　　　D．旋转变压器

（13）（　　　）是一种测速元件，实际上它就是一台微型的直流发电机。

    A．感应同步器　　　B．光电编码器　　　　C．直流测速发电机　　D．旋转变压器

## 3. 填空题

（1）在机电一体化测控系统中，传感器的输出量与被测物理量之间的关系，绝大部分是非线性的。造成非线性的原因主要有两个：一是_____；二是_____。

（2）在机电一体化产品中，_____的作用就相当于人的感官。

（3）用软件进行"线性化"处理，方法有 3 种：计算法、_____和_____。

（4）静态误差补偿有_____、_____和_____3种。

（5）直流测速发电机在机电控制系统中，主要用做_____和_____元件。

（6）压力传感器可以把压力变换成与之成比例的_____或_____信号输出。

（7）电阻应变压力传感器主要用于测量_____，有时也用于测量土壤压力。

（8）_____是采用光电转换原理，将被测物体的光像转换为电子图像信号输出的一种大规模集成电路光电元件，常称为电荷耦合器件（CCD）。

（9）在实现_____时，一般采用多普勒信号处理器接收来自光电接收器的电信号，从中取出速度信息，把这些信息传输给计算机进行分析和显示。

（10）_____的主要技术指标有：线性度、灵敏度、迟滞、重复性等。

（11）由于传感器位于检测系统的_____，是获取_____的第一个环节，因此，它的精度、可靠性、稳定性、抗干扰性等直接关系到机电一体化产品的整机性能指标。

（12）智能化传感器不仅具有信号_____、_____功能，同时还具有记忆、存储、解析、统计处理及自诊断、自校准、自适应等功能。

（13）传感器的_____被采入计算机后往往要先进行适当的预处理。

（14）根据定子磁极激磁方式的不同，直流测速发电机可分为_____和_____两种。

**4．问答题**

（1）说说常用的传感器有哪些？

（2）信号在传输过程中为什么要进行变换？请说明常用的变换方法。

（3）传感器的静态和动态特性区别何在？用哪些指标来衡量？

（4）试述传感器的正确选择和使用。

（5）零位误差和增量误差产生的原因是什么？如何用软件方法对其进行补偿？

# 第4章 机电一体化系统中的执行装置

机电一体化产品是使用计算机控制的智能化机械，如全自动洗衣机可自动完成洗涤、脱水等动作。由计算机控制的发电机组能根据机组的特性及复杂的现场条件，自动地实现最佳的运行状态，如并网、加减负荷等。用来承担动力和运动转换的装置称为执行装置。

本章将以电动机为代表的电动执行装置和以液压、气动为代表的机械式执行装置为例，对其结构、工作原理、特性等加以讨论。

知识目标
◎ 了解执行装置的概念
◎ 了解电动控制系统的结构及工作原理，掌握其使用方法
◎ 了解液压与气动控制系统的结构及工作原理，掌握其使用方法
◎ 了解变频器

## 4.1 什么是执行装置

所谓执行装置，就是把从电源、液压、气压等动力源获得的能量变换成旋转运动或者直线运动的机械能，同时产生使机械工作的力的一种装置。现代计算机技术、电子技术和伺服装置的组合，使机械系统的高精度、快速控制成为可能，其中最具代表的是机器人和数控机床。

### 4.1.1 执行装置

由控制中心发出控制指令，通过传动机构的驱动，使执行装置完成某个特定功能的动作，作用于外界，完成预定的操作过程，如机器人的机械手可完成夹放工件、夹持焊枪进行焊接，车床的主轴和刀架能完成切削加工，缝纫机的机头穿针引线，打印机的打印机构完成打印操作等；作用于内部，完成某种控制动作，如照相机的自动对焦机构，自动秤锤的移动机构等。

执行装置直接与工作对象接触，由于工作对象各不相同，执行装置的形状与结构也是多种多样的。

（1）模仿人和其他生物的身体或器官。这是最原始也是最巧妙的方法，如机器人的手部、腕部、臂部及其关节模仿人的肢体；某些机器人的脚模仿蜘蛛、蟹等动物的脚等。

（2）根据工作对象的外形特征和物理、化学特性确定执行装置的形状和结构。大多数执行装置均是如此，如机床的主轴与刀架、汽车的车轮等，它们与人和其他生物的肢体或器官毫无相似之处。

图 4.1 所示为执行装置框图，该电路中，由速度反馈电路送出的转速信号是在驱动电路中进行比较，而由位置反馈电路送出的位置信号是在微机中进行比较。比较的形式也不同，速度比较是通过硬件电路完成的，而位置比较是通过微机软件实现的。

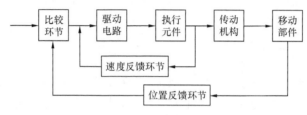

图 4.1　执行装置框图

执行装置主要由以下几个部分组成。

（1）微机。它能接收输入的加工程序和反馈信号，经系统软件运行处理后，由输出口送出指令信号。

（2）驱动电路。接收微机发出的指令，并将输入信号转换成电压信号，经过功率放大后，驱动电动机旋转。转速的高低由指令控制，若要实现恒速控制功能，驱动电路应能接收速度反馈信号，将反馈信号与微机的输入信号进行比较，将差值信号作为控制信号，使电动机保持恒速转动。

（3）执行元件。可以是直流电动机、交流电动机，也可以是步进电动机。采用步进电动机通常是开环控制。

（4）传动装置。包括减速箱和滚珠丝杠。

（5）位置检测元件及反馈电路。位置检测元件有直线感应同步器、光栅和磁尺。位置检测元件检测的位移信号由反馈电路转变成计算机能识别反馈信号送入计算机，由计算机进行数据比较后送出差值信号。

（6）测速电动机及反馈电路测速电动机实际是小型发电机，发电机两端的电压值和发电机的转速成正比，故可将转速的变化量转变成电压的变化量。除微机外，其他组成部分称为伺服系统。

由于机电一体化系统和设备正逐渐趋向于精密化和高速化，所以除采用滑动轴承、含油轴承和滑动导轨外，多采用滚动轴承、滚动导轨、静液压轴承和静液压导轨。在高速度的情况下，则采用非接触式轴承和导轨，如空气静压轴承和导轨、磁力悬浮轴承等，磁力悬浮轴承内的主轴直径可以做得较大，故刚性好，又不磨损而无须润滑，因而寿命长。

机电一体化系统对执行装置有以下几点要求。

（1）实现所需的运动。运动是指轨迹形状、速度快慢、行程长短、起止点位置和正反方向等要素。对轨迹、起点、止点等要素应有精度的要求；对启、停和轨迹跟踪等要素应有灵敏度的要求。

（2）传递必要的动力。执行装置应具备一定的强度和刚度，以具有传递一定的力或力矩的能力。

（3）保证系统具有良好的动态品质。由于是在受力状态和高速运转的条件下要求保证轨迹和定位精度，因此，对执行装置的运动刚度、热变形、摩擦特性等动态品质有严格的要求。减小质量和转动惯量，提高传动刚性、固有振动频率，减小摩擦和转动间隙都是改善动态品质的途径。

## 4.1.2  伺服系统

伺服系统是自动控制系统的一类，它的输出变量通常是机械或位置的运动，它的根本任务是实现执行机构对给定指令的准确跟踪，即实现输出变量的某种状态能够自动、连续、精确地复现输入指令信号的变化规律。下面以数控机床为例，介绍伺服系统的分类方法。

1. 按有无反馈分类

（1）开环伺服系统。开环伺服系统无位置反馈装置，是数控机床中最简单的伺服系统，其驱动元件主要为功率步进电动机，如图 4.2 所示。数控装置发出的指令脉冲经驱动电路放大送到步进电动机，电动机输出轴转过一定的角度，再通过齿轮副和丝杠螺母副带动机床工作台移动。步进电动机轴转过的角度正比于指令脉冲的个数，旋转速度的大小正比于指令脉冲的频率。由于没有检测反馈装置，系统中各部分的误差，如步进电动机的步距角误差、机械系统的误差等综合为系统的位置误差，所以精度较低，速度也受到步进电动机性能的限制，低速不平稳、高速扭矩小。但开环系统结构简单，易于控制与调整，一般用于轻载、负载变化不大，精度要求不高的场合，在经济型数控机床和普通机床改造中使用较多。

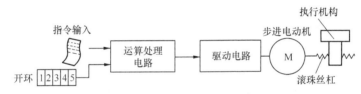

图 4.2  开环伺服系统

（2）半闭环伺服系统。位置检测装置不直接安装在进给系统的最终运动部件上，而是采用旋转型角度测量元件（脉冲编码器、旋转变压器），其安装方式有两种：一种是把角度测量元件安装在丝杠末端；另一种是安装于电机轴端，如图 4.3 所示。一般检测装置已与交、直流伺服电动机做成一体。半闭环系统中，传动链有一部分在位置环以外，环外的传动误差没有得到系统的补偿，因而这种伺服系统的精度低于闭环系统。但半闭环系统安装调试简单、稳定性好，且可以通过 CNC 装置实现间隙补偿与螺距误差补偿，从而减小系统误差，因此，半闭环系统在数控机床中被广泛应用。

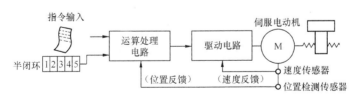

图 4.3  半闭环伺服系统

（3）闭环伺服系统。闭环伺服系统是误差控制随动系统，如图 4.4 所示。数控机床进给系统的误差是 CNC 输出的位置指令和机床工作台（或刀架）实际位置的差值。闭环系统的运动执行元件（伺服电动机）不能反映运动位置，故需要有位置检测装置。该装置测出实际位移量或者实际所处位置，并将测量值反馈给 CNC 装置，接着与指令值进行比较求得误差。将此误差信号进行放大，控制伺服电动机带动机床工作台移动，并向着消除误差的方向进给，直到误差等于零为止。

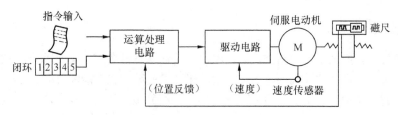

图 4.4　闭环伺服系统

由于闭环伺服系统是反馈控制，反馈测量装置精度很高，所以系统传动链的误差、环内各元件的误差以及运动中造成的误差都可以得到补偿，从而大大地提高了跟随精度和定位精度。目前，闭环伺服系统的分辨率多数为 1 μm，定位精度可达 0.005 mm；高精度系统的分辨率可达 0.1 μm。闭环系统的特点是精度高，但结构复杂、调试维护较难，故一般用于传动部件精度较高、性能稳定、使用过程中温差变化不大的精密数控机床。

**2. 按驱动装置类型分类**

（1）电液伺服系统。电液伺服系统的执行元件为液压元件，控制系统为电器元件。执行元件常用的有电液脉冲电动机和电液伺服电动机。电液伺服系统在低速下可以得到很高的输出力矩，并且刚性好、时间常数小、反应快、速度平稳。早期数控机床多采用电液伺服系统，20 世纪 70 年代起已逐步被电气伺服系统取代，现在仅用于具有特殊要求的场合。

（2）电气伺服系统。电气伺服系统全部采用电子器件和电动机，操作维护方便，可靠性高。电气伺服系统采用的驱动装置有步进电动机、直流伺服电动机和交流伺服电动机。现在步进电动机仅在简易型数控机床或定位精度要求不高的数控设备中使用。

采用直流电动机的伺服系统称为直流伺服系统，其常用伺服电动机有小惯量直流伺服电动机和永磁直流伺服电动机（亦称大惯量宽调速直流伺服电动机）。小惯量伺服电动机其转子转动惯量小，能获得最好的快速性，早期数控机床应用较多。永磁直流伺服电动机能在较大过载转矩下长时间工作，电动机的转动惯量大，能与丝杠直接相连而不需要中间传动装置，并且可在低速（0.1～1r/min）下运转。20 世纪 80 年代中期以前，永磁直流伺服系统在数控机床中广泛采用。永磁直流伺服电动机的缺点是有电刷，限制了转速的提高，一般额定转速 1 000～1 500r/min，且结构复杂，制造、维护困难，维护工作量大，价格高。

采用交流伺服电动机的伺服系统称为交流伺服系统。交流伺服电动机没有电刷，克服了直流伺服电动机的缺点，且转子惯量较直流伺服电动机小，因此动态响应好。交流伺服电动机的容量可以比直流电动机更大，可以达到更高的电压与转速。另外，在同样体积下，交流伺服电动机的输出功率可比直流伺服电动机提高 10%～70%。当前数控机床中主要采用交流伺服电动机，直流伺服电动机逐步会被淘汰。

**3. 按反馈比较控制方式分类**

（1）脉冲、数字比较伺服系统。脉冲、数字比较伺服系统如图 4.5 所示，它是将 CNC 装置发出的数字（脉冲）指令信号与检测装置测量的反馈信号（脉冲）直接进行比较，得到位置误差，实现闭环控制。

该系统比较环节为可逆计数器，当指令脉冲为正，反馈脉冲为负时，计数器做加法运算；当指令脉冲为负，反馈脉冲为负时，计数器做减法运算。指令脉冲为正时，工作台正向移动；指令脉冲为负时，工作台反向移动。

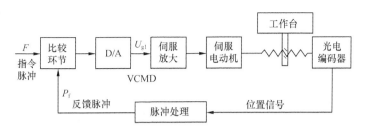

图 4.5　脉冲比较伺服系统

脉冲、数字比较伺服系统的结构简单，容易实现，工作稳定，在数控机床中应用十分普遍。

（2）相位比较伺服系统。相位比较伺服系统如图 4.6 所示，相位比较伺服系统中，位置检测装置采用相位工作方式，指令信号与反馈信号是用相位表示的，即是某个载波的相位。通过指令信号与反馈信号相位的比较，获得实际位置与指令位置的偏差，实现闭环控制。

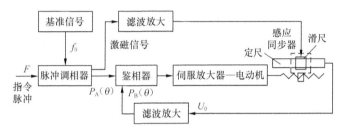

图 4.6　相位比较伺服系统

相位比较伺服系统适用于感应式检测装置（旋转变压器、感应同步器），精度较高，由于载波频率高，响应快，抗干扰性强，特别适合于连续控制的伺服系统。

（3）幅值比较伺服系统。幅值比较伺服系统以位置检测信号的幅值大小反映机械位移的数值，并以此信号作为位置反馈信号，一般还要转换成数字信号才能与指令信号进行比较，而后获得位置偏差信号构成闭环控制系统。此类伺服系统的位置检测装置多用感应同步器或旋转变压器，其系统结构如图 4.7 所示。

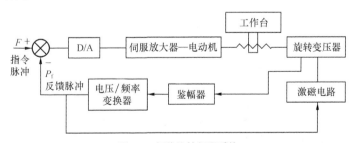

图 4.7　幅值比较伺服系统

上述 3 种伺服系统中，相位比较和幅值比较系统从结构上和安装维护上都比脉冲、数字比较系统复杂和要求高，因此，一般情况下脉冲、数字比较伺服系统应用最为广泛，相位比较系统又比幅值比较系统应用得多。

4. 全数字伺服系统

现代数控机床伺服系统已开始采用高速、高精度的全数字伺服系统，使伺服控制技术从模拟方式、混合方式发展到全数字方式。位置、速度和电流构成的三环反馈全部数字化，采用数字 PID 等许多新的控制技术，使控制精度和品质大大提高。

### 4.1.3 传动机构

传动机构的作用是将动力（如电动机的转动）经过大小或方向的变换传递给执行装置，起着接口的作用。在机电一体化产品（或系统）中，传动机构及其功能如表 4.1 所示。从表中可以看出，一种传动机构具有一项或几项功能。

表 4.1 传动机构与功能

| 传动机构 | 运动的变换 | | | | 动力的变换 | |
|---|---|---|---|---|---|---|
| | 形　式 | 行　程 | 方　向 | 速　度 | 形　式 | 大　小 |
| 蜗轮蜗杆 | | | √ | √ | | √ |
| 齿轮 | | | √ | √ | | √ |
| 传动带、带轮 | | | √ | √ | | √ |
| 链轮、绳轮 | √ | | √ | √ | √ | √ |
| 摩擦轮 | | | √ | √ | | |
| 齿轮、齿条 | √ | | | | √ | |
| 丝杆螺母 | √ | | | | √ | |
| 杠杆机构 | | √ | | √ | | √ |
| 连杆机构 | | √ | | √ | | √ |
| 凸轮 | √ | √ | √ | √ | | |
| 弹簧 | | | | √ | | √ |
| 万向节 | | | √ | | | |
| 软轴 | | | √ | | | |

### 4.1.4 执行元件

执行元件有汽缸、液压阀、电磁阀、电动机等，它们在机电一体化系统和设备中的作用如下。

（1）为执行装置提供必要的驱动力，以便于做功。

（2）接受电子控制装置的指令，进行开、停、换向、变速等运动变换。

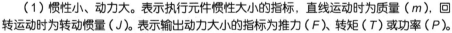

机电一体化系统对执行元件要求主要有以下几点。

（1）惯性小、动力大。表示执行元件惯性大小的指标，直线运动时为质量（$m$），回转运动时为转动惯量（$J$）。表示输出动力大小的指标为推力（$F$）、转矩（$T$）或功率（$P$）。

（2）体积小、重量轻。既要缩小执行元件的体积、减轻重量，同时又要增大其动力，故通常用执行元件的单位重量所能达到的输出功率或功率比，即"功率密度"或"功率比密度"来评价这项指标。

（3）便于维修、安装。执行元件最好不需要维修。无刷直流（交流）伺服电动机就是趋向无维修的例子。

（4）能用微机控制。根据这个要求，用微机控制最方便的是电动式执行元件，因此，机电一体化系统和设备中所采用的执行元件主要是电动式，其次是液动和气动式。

在食品机械中，考虑到清洁问题，所以常用气动式的执行元件，数控机床为增加驱动力常用液动执行元件。为此，需为液动式和气动式执行元件增加电—液或电—气转换器之后，就可使用微机来控制。在使用微机进行控制时，还应采用电磁阀，使电信号变成液压阀或气压阀的开闭，从而改变执行装置的动作。

根据使用能量的不同，执行元件可分为电磁式、液压式、气压式等几种类型，如图 4.8 所示，执行元件的特点及优缺点如表 4.2 所示。

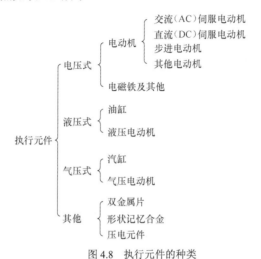

图 4.8 执行元件的种类

表 4.2 执行元件的特点及优缺点

| 种　类 | 特　　点 | 优　　点 | 缺　　点 |
|---|---|---|---|
| 电压式 | 可使用电源，信号与动力的传送方向相同，有交流和直流之别，应注意电压之大小 | 操作简便，编程容易，能实现定位伺服，响应快，易与 CPU 相接，体积小，动力较大 | 瞬时输出功率大，过载差，特别由于某种原因卡住时，会引烧毁事故，易受外部噪声影响，受污染 |
| 气压式 | 空气压力源的压力为（5～7）×105（Pa），要求操作人员技术熟练 | 气源方便，成本低，无泄漏污染，速度快，操作比较简单，但功率小，体积大，动作不够平稳 | 不易小型化，远距离传输困难 |
| 液压式 | 要求操作人员技术熟练，液压源压力为（50～80）×105（Pa） | 输出功率大，速度快，动作平稳，可实现定位伺服，易与 CPU 相接，响应快速 | 液压源或液压要求严格 |

机电一体化系统中用来控制的电动机多为伺服电动机。利用伺服电动机，通过相当于人大脑的控制器进行控制，即可代替人完成动作。随着具有各种控制性能的小型、轻型的伺服电动机以及检测器的应用，伺服电动机的控制技术得到迅速的发展。

 提示

伺服电动机具有以下几方面的优点。
（1）可随意实现所需的控制。
（2）精度高，可在高速、高频率时工作。
（3）省能量，使用、维修方便、清洁。
（4）简化了机电一体化系统和设备的结构。

各种控制电动机中，制动电动机用于快速启动、停止的情况。二相伺服电动机用于仪表等小型机构中。直流电动机目前在机电一体化系统中应用最广，这是因为其特性范围宽，容易控制，成本低，效率高。对 CNC 机床、工业机器人等，控制精度已超过步进电动机的限度，但附加了高精度的数字编码器后即可适应上述控制的要求。

目前，随着变频器的应用，对交流电动机的调速既经济又可无级调速，甚至还可按一定的加速、减速要求进行调速，因此，这种方法正迅速普及。

### 4.1.5　驱动部件

驱动部件的功能包括功率放大、信号量的变换和系统匹配。

**1．功率放大**

要使各种伺服电动机、步进电动机做可靠的转动，需要有足够的电功率。要使汽缸、油缸作平稳的移动，需有足够的压力差。驱动部件的功能就是把控制中心送来微小信号（电压、电流、电脉冲等）作功率放大。有些信号不仅需要放大，还应变换成相应的气压信号，才能推动气压式执行机构。

**2．信号量的变换**

在闭环控制系统中，执行部件的位移、转角等物理量不能直接反馈到系统的控制器，必须先变换成相应的电信号量，然后才能反馈到系统的输入端，所以这类驱动器还应具有信号量变换的功能。

**3．系统匹配**

驱动部件的前面是控制器，驱动部件的后面是执行部件，因此，驱动部件应使它们谐调、匹配，以提高系统的效率，使整个系统处于最佳状态。

## 4.2　电磁式执行装置

电磁式执行装置是将电能变成电磁力，用电磁力驱动执行装置运动。电磁式执行元件包括交流伺服电动机、直流伺服电动机、步进电动机、电磁铁等。其中利用电磁力的电动机和电磁铁为常用的电磁式执行元件。

电动机可分为旋转的普通电动机和作直线运动的直线电动机两种。机电一体化系统和设备所使用的控制电动机与一般电动机没有什么大的差别，但是，它主要是按照输入信号去驱动执行装置，使执行装置完成一定动作。对这种电动机性能的主要要求是加速、减速和伺服性能，适应于频繁使用和便于维修的场合。

电磁式执行元件中有如下几种微量位移的器件。

（1）电磁铁——由线圈与衔铁两部分组成，结构简单。由于是单向驱动，故需用弹簧复位，用于实现两固点之间的快速驱动，如各种电磁开关。

（2）压电驱动器——利用电压控制压电晶体。

（3）电热驱动器——利用金属棒的膨胀使执行装置作直线位移，如开关触头，可根据温度控制电加热器的加热电流。由于膨胀物体的线膨胀量有限，位移量当然很小，可用在机床上实现微量进给。

电动机驱动系统由电源供给电力变换器，经电力变换器的变压或整流后输送给电动机，使电动机转动，从而驱动执行装置运动。在到达给定的位置处时，还应该自动停止，因此，这种驱动系统具有位置（或速度）反馈环节，是闭环系统。系统中所使用的电动机通常是步进电动机或伺服电动机。

## 4.2.1　步进电动机

步进电动机是一种将输入脉冲信号转换成相应角位移的旋转电动机，可以实现高精度的角度控制。由于可以用数字信号直接控制，因此很容易与微机相连接，是位置控制中不可缺少的执行装置。由于步进电动机按照输入的脉冲信号步进式运动，故称为步进电动机，也可称为脉冲电动机。

步进电动机的特征如表 4.3 所示。

表 4.3　　　　　　　　　　　　　　　步进电动机的特征

| 优　　点 | 缺　　点 |
| --- | --- |
| 不需要反馈控制，电路简单<br>容易与微机连接<br>停止时有保持转距<br>维护方便 | 效率低<br>容易引起失步<br>有时发生振荡现象 |

### 1. 步进电动机的分类

根据产生转矩的方式不同，步进电动机可分为 PM 型、VR 型和 HB（混合）型等几种。图 4.9 所示为步进电动机的分类与机构。

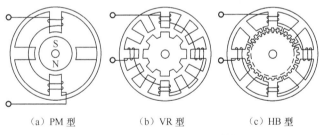

（a）PM 型　　　　　　　（b）VR 型　　　　　　　（c）HB 型

图 4.9　步进电动机的分类与结构

PM 型：转子为圆筒形永磁钢，定子位于转子的外侧。定子线圈中流过电流时产生定子磁场。定子和转子磁场间相互作用产生吸引力或推斥力使转子旋转，步距角为 90°或 45°。

VR 型：转子由齿轮状的低碳钢构成。转子将转向使通电相定子磁场的磁阻为最小的位置。通常使用的步距角为 0.9°、1.8°、3.6°等。

HB 型：是 VR 型和 PM 型的复合型步进电机，能获得与 VR 型相同的很小的步距角。HB 型因具有较大转矩而得到广泛应用。

### 2. 步进电动机的驱动部件

步进电动机的驱动部件原理图如图 4.10 所示，它由脉冲信号发生器、分频器、脉冲分配器和 3 个脉冲放大器 A、B、C 组成。为使步进电动机定子上的电磁铁组顺序地得电，输入步进电动机的脉冲必须先通过脉冲分配器，然后再进入脉冲放大器 A、B、C。

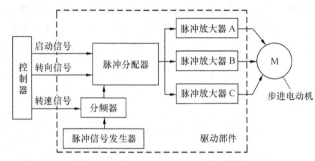

图 4.10　步进电动机驱动部件的原理图

工作原理：脉冲信号发生器输出的脉冲频率太高，不能直接使用，需先经过分频器将频率降低。分频器输出的频率由控制器确定，如要使步进电动机转速提高，分频器输出的频率就大，反之则小。

分频器输出的脉冲进入脉冲分配器，脉冲分配器按照控制器送来的转向信号和启动信号决定将脉冲分配给脉冲放大器 A、B、C 的顺序和输出脉冲的时刻。3 个脉冲放大器 A、B、C 按顺序把分配器输出的脉冲放大，驱动步进电动机按要求的转速、转向和起动时间工作。

步进电动机的另一种控制方式是控制器直接把脉冲数送往脉冲分配器。只要步进电动机不失步，其转角与控制器送出的脉冲数严格对应。这种驱动方式在数控装置中常被采用。

三相六拍控制方式的工作特点是 U→UV→V→VW→W→WU→U 的通电方式转换时始终有一相绕组通电，工作比较稳定。

三相单三拍控制方式的工作特点是 U→V→W→U 的通电方式中是一相绕组断电瞬间另一相绕组刚开始通电，容易造成失步，而且由于单一控制绕组吸引转子，也容易使转子在平衡位置附近产生振荡，运行稳定性较差。

## 3. 步进电动机控制电路实例

图 4.11 所示为由东芝 TA8435H 构成的控制电路的例子，IC 采用了 PWM 方式的定电流斩波驱动电路，用于步进电动机双极型驱动方式，芯片内具有励磁模式发生功能。除具有单相、双相、单—双相励磁模式外，还具有微动驱动功能，可使系统的位置精度进一步提高。

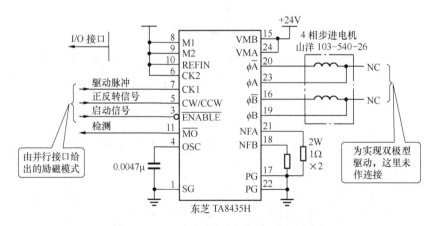

图 4.11　PWM 定电流方式的高速运转控制电路

## 4.2.2 直流伺服电动机

### 1. 伺服电动机

在自动控制系统中，伺服电动机用做执行元件，把所收到的电信号转换成电动机轴上的角位移或角速度输出，其外形如图 4.12 所示。伺服电动机分为直流伺服电动机和交流伺服电动机两大类，其主要特点是，当信号电压为零时无自转现象，转速随着转矩的增加而匀速下降，伺服电动机内部的转子是永磁铁，驱动器控制的 U/V/W 三相电形成电磁场，转子在此磁场的作用下转动，同时电动机自带的编码器反馈信号给驱动器，驱动器根据反馈值与目标值进行比较，调整转子转动的角度。伺服电动机的精度决定于编码器的精度（线数）。

图 4.12 伺服电动机

直流电动机具有良好的调速特性，通常应用于功率稍大的系统中，如随动系统中的位置控制等。直流进给伺服电动机的工作原理虽然与普通直流电动机相同，但由于机械加工的特殊要求，一般的直流电动机是不能满足需要的。一般直流电动机转子的转动惯量过大，而其输出转矩则相对较小，这样，它的动态特性就比较差，尤其在低速运转条件下，这个缺点就更为突出。在进给伺服机构中使用的是经过改进结构、提高其特性的大功率直流伺服电动机。

### 2. 直流伺服电动机的种类

（1）小惯量直流电动机。其主要结构特点是其转子的转动惯量尽可能小，因此，在结构上与普通电动机的最大不同是转子做成细长形且光滑无槽。因此表现为转子的转动惯量小，仅为普通直流电动机的 1/10 左右，因此，响应特别快，机电时间常数可以小于 10ms，与普通直流电动机相比，转矩与惯量之比要大出 40～50 倍，且调速范围大，运转平稳，适用于频繁启动与制动，要求有快速响应（如数控钻床、冲床等点定位）的场合。但由于其过载能力低，并且电动机的自身惯量比机床相应运动部件的惯量小，应用时都要经过一对中间齿轮副，才能与丝杠相连接，在某些场合也限制了它的广泛使用。

（2）大惯量直流电动机。又称宽调速直流电动机，是在小惯量电动机的基础上发展起来的。在结构上和常规的直流电动机相似，其工作原理相同。当电枢线圈通过直流电流时，就会在定子磁场的作用下，产生带动负载旋转的电转矩。小惯量电动机是通过减小电动机转动惯量来提高电动机的快速性，而大惯量电动机则是在维持一般直流电动机转动惯量的前提下，尽量提高转矩的方法来改善其动态特性。大惯量直流电动机既具有一般直流电动机便于调速、机械特性较好的优点，又具有小惯量直流电动机的快速响应性能，其特点如下。

① 转子惯量大。这种电动机的转子具有较大的惯量，容易与机床匹配。可以和机床的进给丝杠直接连接，省掉了减速机构，故可使机床结构简单，既避免了齿轮等传动机构产生的噪声和振动，又提高了加工精度。

② 低速性能好。这种电动机低速时输出转矩大，能满足数控机床经常在低速进给时进给量大、

转矩输出大的特点，如能在 1r/min 甚至 0.1r/min 的速度下平稳运转。

③ 过载能力强、动态响应好。由于大惯量直流电动机的转子有槽，热容量大，采用了冷却措施后，提高了散热能力，因此，可以过载运行 30min。另外，电动机的定子采用矫顽力很高的铁氧体永磁材料，可使电动机过载 10 倍而不会去磁，这就显著地提高了电动机的瞬间加速力矩，改善了动态响应，加减速特性好。

④ 调速范围宽。这种电动机机械特性和调速特性的线性度好，所以调速范围宽而运转平稳。一般调速范围可达 1:10 000 以上。

大惯量直流电动机尽管有上述优点，但仍有不如其他驱动元件的地方，如运行调整不如步进电动机简便；快速响应性能不如小惯量电动机。这种驱动系统可直接连接高精度检测元件，如一些测量转速和转角等的检测元件，实现半闭环和闭环伺服系统的精确定位。

### 3. 直流电动机的控制方式

直流电动机转速控制方式主要有线性控制方式和 PWM 控制方式。小功率电机平滑控制时常使用线性控制方式，大功率电机高效控制时，则使用 PWM 控制。

为了改变直流电动机的转速和转矩，可以采取以下不同的控制方法。

① 作电动机转速调节时→可改变电源电压。

② 作电动机转矩调节时→可改变电枢电流。

实际上，作上述调节时，电压和电流是同时变化的，因此，电动机的转速和转矩也在同时变化。例如，充电式电动扳手使用了直流电动机，在转速变化时，紧固力矩也会同时发生变化。因此，在直流电动机转速、转矩控制时，一般均采用改变输入电压的方法。改变输入电压时，大体上有线性控制方式和 PWM 控制方式两种。

（1）线性控制方式。线性控制方式的原理如图 4.13 所示。线性控制方式也可称为电阻控制方式。在电动机与电源之间插入晶体管，这个晶体管相当于一个可变电阻器，也就相当于控制了加于电动机上的电压，从而改变电动机的转速和转矩。晶体管工作于不饱和区，基本上与低频功率放大器的电路结构相同。

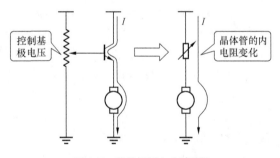

图 4.13　线性控制方式原理图

由于直流电动机线性控制方式不改变电流的波形，因此，对电刷、换向器的换向作用影响很小，可以做到转速的平滑调节。但是晶体管产生的功率损耗将变成焦耳热而消耗掉，使得线性控制方式的效率很低，是一种不经济的控制方法。这种方式可用于额定功率为数瓦的小电动机的控制电路。

（2）PWM 控制方式。PWM 控制方式的原理如图 4.14 所示。PWM 控制是脉冲控制方式的一种。晶体管作为一个开关，使加到电动机上电压的 ON 与 OFF 的时间比发生变化，从而控制电机电压的平均值。由于晶体管工作于饱和状态，几乎不消耗功率，因此，PWM 具有良好的经济性。但由于电动机供电电压处于开关状态，会导致噪声、振动以及电刷、换向器损伤等问题出现，这些问题从控制技术上已经逐步得到解决。PWM 控制方式已经成为现代直流电动机控制技术的主流。

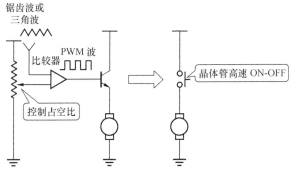

图 4.14 PWM 控制方式原理图

**PWM 控制的开关频率**

提高开关频率可以减小噪声，并实现电动机的高速、高精度驱动。晶体管的开关频率在 1~10kHz 内，而使用 FET 或 IGBT 时，开关频率可提高到数十千赫。

### 4. 直流伺服电动机的控制电路实例

（1）线性控制时的转速稳定性。采用直流电动机线性控制方式时，为了使电动机平滑运转，常使用转速传感器构成闭环控制方式来保持电动机转速的稳定。由于线性控制电路的晶体管工作于线性段，效率很低，因此主要用于额定功率为数瓦的小电机控制。直流伺服电动机的伺服控制电路如表 4.4 所示。

表 4.4 　　　　　　　　　　直流伺服电动机的伺服控制电路

| | | |
|---|---|---|
| 桥式伺服控制 | 大功率晶体管 基准电压 比较器 直流电动机 $E_c$ | 一旦电动机转速偏离给定转速，电动机的反电动势 $E_c$ 就会变化，从而破坏了电桥的平衡。当电桥恢复平衡时，转速就稳定在一定值 | 主要用于纸带记录仪等低频仪器 |
| 比例电流伺服控制 | 检测电流的电阻 大功率晶体管 基准电压 | 负载增大时，电动机转速下降，则电动机电流自动增大使转速复原 | |
| 直流伺服 | 直流测速发电动机 基准电压 直流电动机 同轴连接 | 使直流电动机与直流测速发电机同轴连接，对转速的变化部分进行补偿而使电动机转速恒定 | 大多用于对转速稳定性要求很高的机器人和数控机床等机械系统的控制 |

续表

| | | |
|---|---|---|
| FG 伺服控制 | 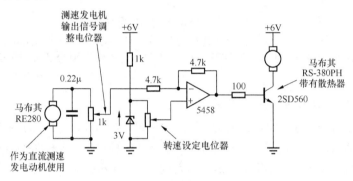 | 由 FG 产生与电动机转速成比例的脉冲，F/V 转换器把脉冲信号变换成模拟电压，其余与直流伺服相同 | 大多用于对转速稳定性要求很高的机器人和数控机床等机械系统的控制 |

（2）直流伺服电路举例。图 4.15 所示为一个直流伺服电路例子。图中使用了直流电动机（马布其 RE280）来代替直流测速发电机。采用运算放大器构成比较电路，对设定电压与来自直流测速发电机的反馈电压进行比较。实验时，用示波器观察直流测速发电机的输出电压波形，同时需要调节滤波器的时间常数。

图 4.15　直流伺服电路例子

## 5. 直流电动机 PWM 控制的原理

当需要对电机转速进行控制同时又要求正、反转运行时，常采用 PWM 控制。由于 PWM 控制需要高速开关，常使用功率 MOSFET 作金桥连接。PWM 控制电路比较复杂，目前用于小型电动机的控制电路已集成到一个专用 IC 芯片中，市场上很容易买到，因此应用起来十分便利。直流电动机的 PWM 控制原理如图 4.16 所示。图 4.16（a）所示为利用 PWM 发生器来调节电机转速的

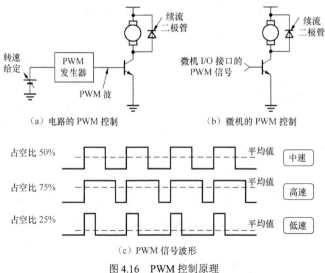

图 4.16　PWM 控制原理

方法，PWM 波形的占空比由输入的模拟电压控制。图 4.16（b）中，由微机的 I/O 接口直接产生 PWM 信号，用该信号来驱动大功率晶体管的开关，从而控制直流电动机的转速。在任何情况下，都需要设置续流二极管，以便在晶体管 OFF 期间电动机电流能够继续流通而使电动机平滑地旋转。PWM 控制时电动机中将流过的平均电流与 PWM 波形的占空比成比例，如图 4.16（c）所示，改变占空比就可以控制电动机的转速。

图 4.17 所示为一个电流约为 1A 的小型直流电动机正、反转和转速控制电路。TA8440H 可以把脉冲分配电路和高速开关的偏置电路集中于一个 IC 芯片中，使用起来十分方便。

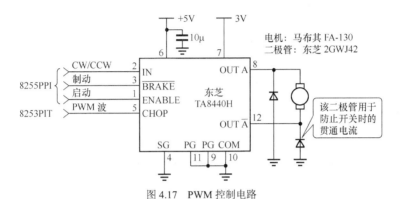

图 4.17 PWM 控制电路

## 4.2.3 交流伺服电动机

随着大规模集成电路、计算机控制技术及现代控制理论的发展与应用，20 世纪 80 年代交流伺服驱动技术取得了突破性的进展，使得交流伺服电动机具备运行稳定、可控性好、响应快速、灵敏度高以及机械特性和调节特性的非线性度指标严格（要求分别小于 10%和小于 15%）等特点。交流伺服电动机的输出功率一般为 0.1～100W，电源频率分为 50Hz、400Hz 等多种。它的应用很广泛，可用于各种自动控制、自动记录等系统中，如雷达系统中扫描天线的旋转，流量和温度控制中阀门的开启，数控机床中刀具的运动，甚至连船舰方向舵与飞机驾驶盘的控制都是用伺服电动机来带动的。

1. 交流伺服电动机的分类

（1）感应电动机。感应电动机如图 4.18（a）所示，它的定子和转子均由铁心线圈构成，可分为单相电机或三相电动机。转子铁心用硅钢片叠压而成，由定子产生的旋转磁场带动转子旋转。由于转子的重量轻、惯性小，因此响应速度非常快，主要应用于中等功率以上的伺服系统。

（2）同步电动机。同步电动机如图 4.18（b）所示，它的转子由永久磁钢构成磁极，定子与感应电动机一样由铁心线圈构成，可分为单相同步电动机和三相同步电动机两种。这种永磁同步电动机中可以做得很小，因此响应速度很快，主要应用于中功率以下的工业机器人和数控机床等伺服系统。

（3）无刷直流电动机。直流电动机的控制性能优良，但由于存在机械接触部分（电刷、换向器），影响了直流电动机的使用寿命，同时也存在噪声等问题。无刷直流电动机如图 4.18（c）所示，由霍尔元件或旋转编码器等构成的位置传感器和逆变器取代了直流电动机的电刷和换向器部分。无刷直流电动机具有与普通直流电动机相同的特性，并且不需要维护，噪声小。由于转子的转动惯性很小，所以快速响应性能好。转子磁极采用永久磁钢，没有励磁损耗，提高了电动机的效率，可用于电子电路的冷却轴流风扇电动机、防爆电动机以及各种伺服系统。

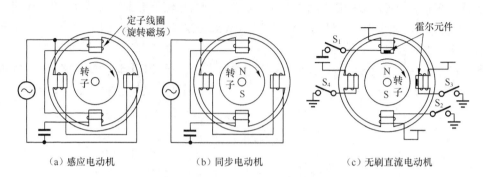

（a）感应电动机　　　　　（b）同步电动机　　　　　（c）无刷直流电动机

图4.18　AC伺服电动机的种类与结构

### 2. 交流伺服电动机的控制电路实例

（1）无刷直流电动机的控制电路。图4.19所示为一种无刷直流电动机的控制电路，由霍尔元件和晶体管构成了逆变器电路。转子旋转时，由霍尔元件控制晶体管导通，按顺序反复给线圈励磁，使电动机旋转。

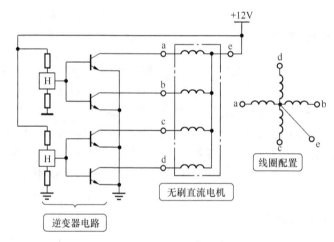

图4.19　无刷直流电动机的控制电路

（2）瓶灌装的伺服控制系统。瓶灌装的伺服控制线伺服驱动系统采用了定位驱动器控制器的软件，使位置和速度被跟踪的输送线移动瓶，主编码器跟踪输送线上瓶的位置。螺旋式进料系统使输送线上的瓶在空间是完全相同，使瓶口刚好对准灌装喷嘴。伺服驱动系统将比较瓶从主编码器的反馈信号，控制填补运输安装的滚珠丝杆。伺服驱动器放大器将增加或减少的速度滚珠丝杠机制，使喷嘴将匹配的速度瓶到底。

**矢量控制**

　　矢量控制是在20世纪70年代初由美国学者和德国学者各自提出的。德国西门子公司的F.Blaschke等提出"感应电动机磁场定向的控制原理"，美国P.C.Custman和A.A.Clark

申请的专利"感应电动机定子电压的坐标变换控制",它们的诞生使交流变频调速技术在精细化方面大大迈进了一步,以后在实践中许多学者进行了大量的工作,经过不断的改进,历经近 30 年的时间,达到了可与直流调速系统的性能相媲美的程度。

从原理上说,矢量控制方式的特征是:它把交流电动机解析成直流电动机一样的转矩发生机构,按照磁场与其正交电流的积就是转矩这一基本的原理,从理论上将电动机的一次电流分离成建立磁场的励磁分量和磁场正交的产生转矩的转矩分量,然后进行控制。其控制思想就是从根本上改造交流电动机,改变其产生转矩的规律,设法在普通的三相交流电动机上模拟直流电动机控制转矩的规律。

矢量变换控制的基本思路是以产生同样的旋转磁场为准则,建立三相交流绕组电流、两组交流绕组电流和在旋转坐标上的正交绕组直流电流之间的等效关系。

如果是矢量控制型变频器,新型的通用变频器大都具有所谓的挖土机功能,即变频器控制电动机低速运行时(如 5Hz),如电动机上的负载加大时,电动机的转速是不会减小的,但有一点瞬变过程,一般不会影响系统工作。矢量电动机能适合 1～100Hz 的调速范围,强制风冷结构,闭环控制带 PG 使用矢量变频器可实现转矩控制等场合,普通异步电动机只适合一般场合使用,带 PG 可适合较大调速范围,但不能长时间工作在低速大扭矩状态。

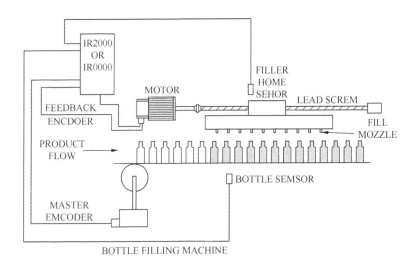

图 4.20　瓶灌装的伺服控制线

　液压执行装置

液压执行装置先将电能变换为液压能并用电磁阀改变压力油的流向,从而使液压执行元件驱动执行装置运动。液压执行装置主要包括往复运动油缸、回转油缸、液压马达等,其中油缸最为常见。在同等输出功率的情况下,液压元件具有重量轻、快速性好等特点。目前,世界上已开发了各种数字式液压执行元件,其定位性能好。例如,电一液伺服电动机和电一液步进电动机,这些电动机与普通电动机相比有转矩大的优点,可以直接驱动执行装置,适合于重载的高加、减速驱动。对一般的电一液伺服系统,可采用电一液伺服阀控制油缸的往复运动。用电子器件控制电磁阀开关的伺服机构,其性能适当,价格便宜。

### 4.3.1 什么是液压执行装置

所谓液压执行装置，就是把液压能量变换成直线、旋转或摆动运动的机械能，从而带动机械做功的装置。

液压执行装置主要有以下几类。

（1）把液压能量变换成直线运动的液压缸。

（2）把液压能量变换成连续旋转运动的液压电动机。

（3）把液压能量变换成摆动运动的摆动电动机等。

液压执行装置的主要特点是能够将液体能量简便地转换为运动的机械能，输出功率大也是液压执行装置的重要特点。液压执行装置的应用范围很广，因为液压系统的操作简单，所以人们针对各种负荷条件在机械和油路等方面都做了大量的研究开发工作，使液压执行装置在很多工业领域中获得了广泛应用，如应用于机床、成形机械、机器人、工程车辆、露天游乐场、建筑机械、农业机械等。

液压执行装置应用广泛，具有下列优点。

（1）由于工作压力高，所以装置可以实现小型化。

（2）由于以油为工作介质，所以装置的润滑性和防锈性能好。

（3）通过控制流量，可以很容易地改变速度。

（4）利用换向控制，可以很容易地变换运动方向。

（5）通过压力控制，可以实现力的无级控制。

为了在液压缸中获得更大的推力，可以采用增大缸体的面积、提高压力等多种方法。要提高速度则必须增大流量，而要获得大流量必须使用大型液压泵、阀门等，因此，可以采用减小液压缸的面积而提高压力的方法。

近年来，复式楼房越来越多，甚至一家的楼房有几层，随着楼层的升高、人口老龄化以及身体残疾等原因都会造成上下楼梯的不便，为此，需要有家用电梯。图 4.21 所示为一种以液压系统

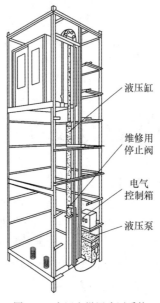

液压缸

维修用
停止阀

电气
控制箱

液压泵

图 4.21　家用电梯用液压系统

为驱动源的家用电梯。目前虚拟现实感（假想现实感）的机械和装置在各领域受到了广泛关注。在各地的游乐场和主题公园的游艺机械上，设置能够虚拟体验的装置受到了游客的普遍欢迎。这些游览车和摇摆椅型、摇摆床型的虚拟体验装置中也使用了液压执行装置。

## 4.3.2　液压伺服系统

液压伺服系统在飞机、船舶、军工等领域的应用由来已久。近年来，作为一般性的技术已广泛应用于工业机器人、主轴旋转控制、机床工作台进给以及各种试验装置等。

### 1．伺服系统

伺服系统就是以机械的位置作为被控量，能跟随设定值的任意变化的自动控制系统。一般说来，伺服系统是一个反馈闭环系统，把控制动作的结果与目标值相比较，并通过调节使二者趋于一致。根据输出位置的检测方法和系统内的放大、传递及输出形式等，伺服系统有很多种类型。一般情况下，由数毫瓦的微弱电气输入信号可以控制 20～30MPa 的液体压力和 4 000L/min 的流量。液压伺服系统的基本结构如图 4.22 所示，它是由液压电动机、液压缸等执行装置和伺服阀门、位置传感器、伺服放大器等基本环节构成的。

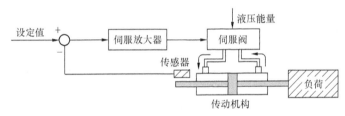

图 4.22　伺服系统的构成

### 2．液动执行机构的驱动部件

按动力的不同，液动执行机构的驱动部件可分为气压驱动、液压驱动和电液驱动 3 种。在机电一体化系统和设备中以电液驱动为主，电液驱动又分为开关式、比例式和伺服式 3 类。

（1）开关式电液驱动部件。开关式电液驱动部件先把电信号放大后再驱动电磁阀，以控制液体的流量、压力和方向，然后带动执行机构工作。因为它只有"通"或"断"两个位置，所以称开关式。

（2）比例式电液驱动部件。图 4.23 所示为比例式电液驱动部件的原理图，它由放大器、电磁铁和比例控制阀组成。图 4.23 所示为开环控制系统，当输入信号 $u_c$ 变化时，放大器输出 $u_o$ 也变化。电磁铁产生与变化成比例的电磁力 $F$，电磁力使比例阀的阀芯产生相应的位移 $L$，从而实现对液压执行机构的控制和驱动。

图 4.23　比例式驱动部件的原理图

比例式的优点是与电信号匹配得好，易实现遥控和自控，油路设计简单，工作可靠，价格比较便宜。

（3）伺服式电液驱动部件。这种方法应用最广，它先把电信号变换成液压信号，再经过液压传动环节去拖动执行机构。执行机构的位移经过变换器变成电量，反馈到系统的输入端与控制信号比较。

图 4.24 所示为一个常用的伺服式电液驱动部件的工作原理图，该系统由电磁铁、衔铁、弹簧、

固定节流孔、挡板、喷嘴等元件组成，其中左、右两个喷嘴分别与执行机构（油缸）的左、右腔相通。工作原理及工作过程如下。

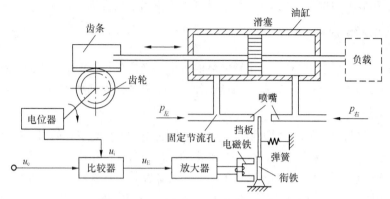

图 4.24　伺服式电液驱动部件的工作原理图

① 当控制信号 $u_c$ 增大时，比较器输出的偏差 $u_E$ 及放大器的输出都增大，电磁铁线圈中的电流增大，电磁铁的吸力也增大。

② 衔铁因电磁铁吸力增大而左摆。挡板偏向左喷嘴，使左喷嘴内背压大于右喷嘴的背压。

③ 油缸左腔压力大于右腔，滑塞右移，使负载向右移动。

④ 与此同时，与滑塞同轴的齿条带动齿轮转动，齿转轴使滑线电位器触点移动，从而改变了反馈电压 $u_i$。

⑤ 调节过程继续，直到 $u_i$ 等于 $u_c$，比较器输出为零时，电磁铁线圈失电，挡板回到中间位置，滑塞才停止移动。

这种驱动系统适应性宽、特性好、控制精度高、抗干扰能力强，在工业自动化控制、国防、航海、空间技术等方面应用很广。

### 4.3.3　液压伺服系统实例

1. 波浪发生装置

波浪发生装置是一种在室内的水池或水路中产生与自然海域相似波浪的装置。这种装置可用于波浪对船体姿势的影响，排水状态、沙滩海岸的地形变化等方面的实验研究。由液压伺服驱动方式构成的不规则波浪发生装置如图 4.25 所示。

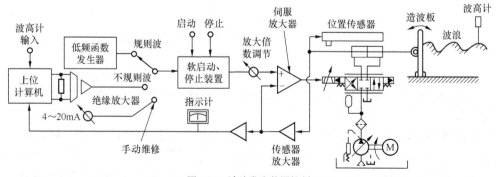

图 4.25　波浪发生装置控制

由液压泵供油使液压缸往复运动，驱动造波板并产生波浪，该装置采用反馈控制，利用伺服机构获得快速响应特性。有些情况下不必使用复杂的伺服机构，可以采用简单的驱动装置，如游乐场的"波浪游泳池"等也使用了液压执行装置。

### 2. 起重机的液压传动

Q2-8 型汽车起重机如图 4.26 所示，它采用液压传动，最大起重量为 80kN（幅度为 3m 时），最大起重高度为 11.5m，起重装置可连续回转。由于该汽车起重机有较高的行走速度，可以和运输车队编队行驶，机动性好，用途广泛。当装上附加臂后（图中未表示），可用于建筑工地吊装预制件，吊装的最大高度为 6m。该起重机亦可在有冲击、振动、温差变化大和环境较差的条件下工作。作为起重用的汽车起重机属于工程机械。它所要求的动作比较简单，对于位置精度要求也不太高，因此，可采用手动控制，但要求液压系统具有很高的安全可靠性。

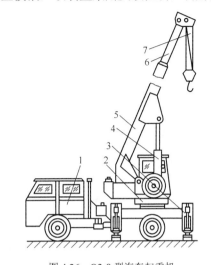

图 4.26　Q2-8 型汽车起重机

1—汽车；2—转台；3—支腿；4—吊臂变幅液压缸；
5—基本臂；6—伸缩臂；7—起升机构

# 4.4　气动执行装置

气压式执行装置与液压式执行装置的原理相同，只是将介质由液体改为气体。气压执行装置不受电磁干扰，适用于高安全性要求。气压执行装置除了用压缩空气作工作介质外，与液压式执行元件没有区别。具有代表性的气压执行元件有汽缸、气压电动机等。气压驱动虽可得到较大的驱动力、行程和速度，但由于空气黏性差，具有可压缩性，故不能在定位精度要求较高的场合使用。

## 4.4.1　什么是气动执行装置

所谓气动执行装置是指把压缩空气的能量变换成直线、旋转或摆动等运动来驱动机械做功的装置。

气动执行装置主要有以下 3 种。

（1）把压缩空气的能量变换成直线运动的汽缸。

（2）把压缩空气的能量变换成旋转运动的气动电动机。

（3）把压缩空气的能量变换成摆动运动的摆动式气动执行装置等。

气动执行装置有很多优点，例如，地球上有无限的清洁、安全的空气可供使用；气动执行装置具有结构简单、体积小、价格便宜等特点；对使用环境无特殊要求；保养、维护简单；力和运动转换简单，容易构成系统。其缺点是难以进行精确的速度控制和位置控制，并且容易受负载变化的影响。

气动执行装置的操作方法简单，人们在其结构和回路上不断改进以适应各种负载条件，因此广泛应用于各种工业机械、车辆、汽车、机器人、气动工具、测量仪器等领域。

在电子工业、精密机械工业、药品和食品制造等领域，要求清洁度较高的工作环境。在这些制造领域，大气中悬浮着的无数尘埃将对产品的合格率和可靠性产生很大的影响，因此要求有高清洁度的净化室。压缩空气的压力可以分成低压、中压、高压等，目前，正在研究开发 15～20MPa 空气压力装置的实用技术。压缩空气的气源压力提高，可以减小执行装置的体积和重量，并使其成本降低，然而高压力下的安全对策是压缩机等技术所面临的研究课题。

### 4.4.2　气动执行装置的控制

气动执行装置（见图 4.27）的控制是以驱动装置的控制为主的气动系统的控制，按被控驱动装置的功能和控制方法可分成多种控制方式。例如，流量控制，利用空气压力时，必须对空气的流量进行控制。流量控制阀安装在气动回路中，用于对汽缸的活塞速度进行控制，并实现对气动回路中气压信号的滞后控制。流量控制的方法有以下几种。

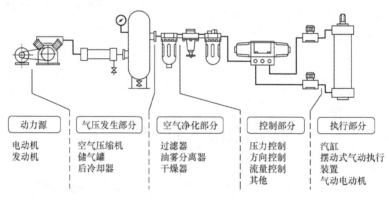

图 4.27　气动执行装置

（1）固定节流：使流量为一定值。

（2）节流阀、速度控制阀：手动流量调节。

（3）缓冲阀：由机械自动调节流量。

### 4.4.3　气动执行装置的驱动部件

气动执行机构的驱动部件如图 4.28 所示，气动执行机构的正常工作气压是 0.02～0.1MPa，因此，驱动部件需要把控制器输出的电信号变换成相应的气压，例如，控制器输出 0～10mA 的电流，应该转换成 0.02～0.1MPa 的气压。

气动执行机构的驱动部件由放大器、电动部件及变速器、位移—气压变换器、气—电变换器等部件组成，其工作过程如下。

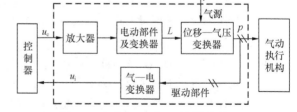

图 4.28　气动执行机构驱动部件的原理图

（1）放大器把控制信号（电信号）$u_c$ 放大。

（2）控制信号 $u_c$ 被送到电动部件及变换器，这里把电信号变为机械的位移（或角位移）$L$。

（3）通过位移—气压变换器将位 $L$ 变换成大小与控制信号相对应的气压 $p$。

（4）驱动部件中的气—电压变换器的作用是：把输出的气压 $p$ 变换成电量 $u_i$。$u_i$ 的大小可在电子显示仪表上显示。$u_i$ 还可作为反馈的信号，送回到控制器。

电—气变换的具体过程如下。

（1）先用电力驱动电动机，带动滑阀移动 $L$，使电信号变换成位移量 $L$。

（2）滑阀的移动 $L$ 再控制气压入口大小，从而得到相应气压 $p$。

## 4.4.4　气动执行装置实例

### 1.　真空吸盘的结构

在洗手间或厨房中使用一种橡胶制的垫子，往墙壁或其他平面上一按压就吸附在上面。这是由于橡胶垫内的空气被压出而处于真空状态，橡胶垫的外侧大气压与内侧真空的压差产生很强吸附力。将这种原理应用于装卸、搬运作业时，可以减轻劳动强度并实现自动化。真空吸盘的结构如图 4.29 所示。

### 2.　自动窗帘

自动窗帘采用无杆汽缸直接拉引窗帘实现开、闭。图 4.30 所示为在仓库、工厂中应用的例子。

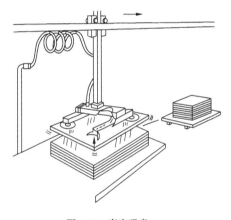

图 4.29　真空吸盘

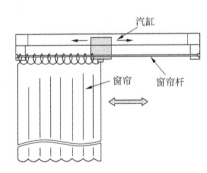

图 4.30　自动窗帘

### 3.　由双杆汽缸构成的气动手

使用尼龙皮带和双杆汽缸（见图 4.31）构成的气动手如图 4.32 所示。即使工件的形状或位置

图 4.31　双杆汽缸

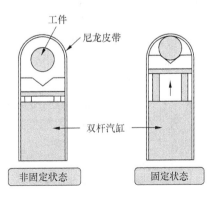

图 4.32　使用双杆汽缸的气动手

存在偏差，气动手也能灵活适应。把工件放置在尼龙皮带和 V 形块之间，由双杆汽缸推动 V 形块前进，并将工件推至尼龙皮带而夹紧。

**4. 机械手**

图 4.33 所示为使用双杆汽缸和气动夹具构成简单机械手的应用实例。

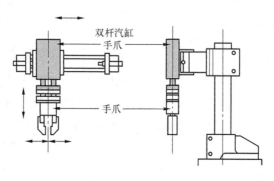

图 4.33　机械手

# 4.5　变频器

　想一想

以前见过哪些调速机构？

变频器是微电子技术的产物。变频器本身是由微机控制的机电一体化产品，也是机电一体化控制系统中执行机构的重要器件。

## 4.5.1　变频器的基本结构

变频器的工作原理就是把市电（380V 或 220V、50Hz）通过整流器变成平滑直流，然后利用半导体器件（GTO、GTR 或 IGBT）组成的三相逆变器，将直流电变成可变电压和可变频率的交流电，并采用输出波形调制技术，使得输出波形更完善。例如，采用正弦脉宽调制（SPWM）方法，使输出波形近似正弦波，用于驱动异步电动机，实现无级调速，即把恒压频（Constant Voltage Constant Frequency，CVCF）的交流电转换为变压变频（Variable Voltage Variable Frequency，VVVF）的交流电，以满足交流电动机变频调速的需要。

从结构上看，变频器可分为直接变频和间接变频两类。间接变频器先将工频交流电源通过整流器变成直流，然后再经过逆变器将直流变换为可控频率的交流，因此，又称它为有中间直流环节的变频装置或交－直－交变频器。直接变频器将工频交流一次变换为可控频率交流，没有中间直流环节，即所谓的交－交变频器。目前应用较多的中小型交流调速应用场合，采用的是交－直－交变频器，它的基本构成如图 4.34 所示。

图 4.34　变频器的基本构成框图

**逆变器**

逆变器与整流器组合起来构成 AC/AC 变频器（工频电源频率变换电路），或者是在 AC 伺服电动机调速电路中使用。

### 1. 交—直—交变频器

交—直—交变频器是将恒压恒频的交流电通过整流电路变换成直流，然后再经过逆变电路将直流变换成调压调频的交流电，其主电路原理图如图 4.35 所示。这种变频器虽然多了一个中间直流环节，但是输出交流电的频率是任意的。变频器的负载通常是异步电动机，其功率因数小于 1，故在中间直流环节和电动机之间总存在无功功率的交换。由于逆变器中的电力器件无法储能，所以无功功率只能靠直流环节中的储能元件来缓冲。如果采用电容器作为无功功率缓冲环节，直流侧电源相当于一个低阻抗的电压源，因此称为电压源型变频器；如果采用电抗器作为无功功率缓冲环节，直流侧电源相当于一个高阻抗的电流源，则称为电流源型变频器。

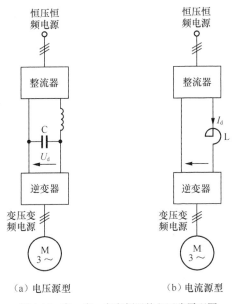

（a）电压源型　　　　（b）电流源型

图 4.35　交—直—交变频器的主回路原理图

### 2. 交—交变频器

交—交变频器是将恒压频的交流电一次变换成调压调频的交流电，它由 3 组可逆整流器组成，如图 4.36 所示。对于交—交变频器，恒压恒频电源本身具有电压源性质，所以在不加滤波装置时，变频器就是电压型的。如果在交—交变频器中，人为串入大电感的电抗器，它就具有电流源性质，称为交—交电流型变频器。交—交变频器的主要特点如下。

（1）原理主要基于可逆整流，可直接引用成熟的直流可逆调速的技术和经验。

（2）输出到电动机的电流近似于三相正弦电力，附加损耗小，转矩脉动量小。

（3）采用元器件的数量较多，如果采用三相桥式接法，需要 36 个晶闸管。

（4）由于输出电压波形是由电源波形的区段组成的，为了使波形畸变不至于过大，输出频率不能高于电网频率的 1/3～1/2。当电源频率为 50Hz 时，作大输出频率不超过 20Hz。

（5）拖动的电动机一般属于普通电动机，价格便宜，但是转速低。对于 4 极电动机，最高速小于 600r/min。

由于以上特点，交—交变频器通常用于大功率（500kW 或 1 000kW 以上）、低速（600r/min 以下）的场合，如扎钢机、球磨机、水泥回转窑等。

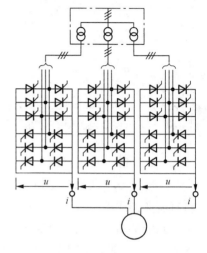

图 4.36 交—交变频器主电路结构

## 4.5.2 变频器的输出调制方式

变频器对输出波形的调制既要变频，又要变压，变频是由逆变器完成的，而变压按输出电压调节方式不同，变频器有 PAM、PWM、SPWM 等多种方式。晶闸管型逆变器一般采用变幅调制方式，脉宽调制型逆变器更多的是采用恒幅脉宽调制方式，由二极管整流桥输出恒定不变的直流电压，经中间环节送到逆变桥，通过调节逆变桥输出电压脉冲的宽度和频率，实现既调压又调频的目的。这种脉宽调制型逆变器主回路简单，如图 4.37 所示。而且由于逆变器输出电压的大小和频率直接由逆变器决定，所以调节速度快，系统的动态性能好，而且电源侧输入功率因数高。由于它具有这些优点，所以目前应用相当广泛。因为 PWM 型逆变器是通过改变脉冲宽度控制其输出电压大小，通过改变脉冲周期控制其输出电压频率，所以脉宽调制方式对 PWM 逆变器的性能有根本性的影响。

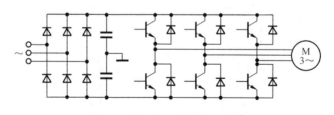

图 4.37 交—直—交变频器主电路

### 1. PAM 方式

PAM 即脉冲幅值调节方法，它是通过改变直流侧的电压幅值进行调压的。在变频器中，逆变器只负责调节输出频率，而输出电压则由相控整流器或直流斩波器通过调节直流电压去实现。采用相控整流器调压时，网侧的功率因数随调节深度的增加而变低；而采用直流斩波器调压时，网侧的功率因数在不考虑谐波影响时，可以达到 1。PAM 调制方式一般应用于晶闸管逆变器的中大功率变频器中。

## 2. 简单 PWM 方式

简单的 PWM 方式是脉冲宽度调制法中比较简单的一种。图 4.38 所示为 PWM 逆变器输出电压波形。

现利用图 4.37 所示的三相桥式晶体管逆变器的原理电路说明其原理。逆变桥由大功率晶体管 VD1～VD6（也可采用其他快速功率开关器件）和快速续流二极管 VD1～VD6 组成。变频器中的整流器采用不可控的整流二极管整流电路。变频器的输出电压和输出频率均由逆变器 PWM 方式调节。PWM 信号作为各晶体管的基极驱动信号控制各晶体管的通断。在控制电路中采用载频信号 $U_c$ 与参考信号 $U_r$ 相比较的方法产生基极驱动信号。这里 $U_c$ 采用单极性等腰三角形；$U_r$ 采用可变的直流电压。在 $U_c$ 与 $U_r$ 波形的交点处发生调制信号，部分脉冲调制波形如图 4.38 所示。

## 3. SPWM 方式

正弦波脉宽调制法（SPWM）是最常用的一种调制方法。对图 4.37 所示主回路中开关器件的基极驱动信号，仍采用载频信号 $U_c$ 和参考信号 $U_r$ 相比较的方法产生，但是参考信号 $U_r$ 改为正弦信号，如图 4.39 所示。当改变参考信号 $U_r$ 的幅值时，脉宽随之改变，从而改变了主回路输出电压的大小。当改变 $U_r$ 的频率时，输出电压频率即随之改变。

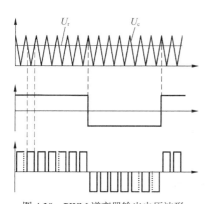

图 4.38　PWM 逆变器输出电压波形

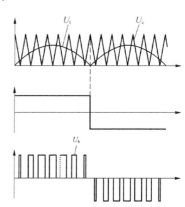

图 4.39　SPWM 逆变器输出电压波形

这种调制方式的特点是半个周期内脉冲中心线等距，脉冲等幅、变宽，半个周期内脉冲宽度变化呈正弦分布，各脉冲面积之和与正弦波下的面积成比例，因此，其调制波形更接近于正弦波，谐波分量大大减少。在实际应用中，对于三相逆变器，是由一个三相正弦波发生器产生三相参考信号，与一个公用的三角载波信号相比较，而产生三相脉冲调制波。

**直接转矩控制的变频调速系统**

　　直接转矩控制（direct torque control）方法是 1985 年由德国鲁尔大学的 Depen-brock 教授首次提出的，它是继矢量控制技术之后发展起来的一种新型交流变频调速技术。尽管矢量控制在原理上优于标量控制，但是在实际上，由于转子磁链难以观测，系统性能受到电动机参数的影响较大，以及复杂的矢量变换，都使它的实际控制效果难于达到理论分析的结果。直接转矩控制正是弥补了矢量控制的不足，它避免了复杂的坐标变换，减少了对电动机参数的依赖性，以其新颖的控制思想、简洁明了的系统结果、优良的动、静态性能备受人们的青睐，得到迅速的发展。

　　直接转矩控制的特点如下。

（1）在定子坐标系下分析交流机的数学模型，直接控制磁链和转矩，不需要与直流机做比较、等效、转化等，省去了复杂的计算。

（2）直接转矩控制以定子磁场定向，只需定子参数，而不需要随转速变化、难以测定的转子参数，大大减少了参数变化对系统性能的影响。

（3）采用电压矢量和六边形磁链轨迹，直接控制转矩。

（4）转矩和磁链都采用两点调节器（带滞环的 band-band 控制），把误差限制在容许的范围内，控制直接又简化。

（5）控制信号的物理概念明确，转矩响应迅速，而且无超调，具有较高的动静态性能。

# 小结

本章主要介绍了机电一体化系统中的执行装置，包括电磁式执行装置、液压执行装置和气动执行装置，还介绍了变频器基本知识。

（1）执行装置：

$$\text{执行装置} \begin{cases} \text{工作部分：手部、主轴与刀架、打印头等} \\ \text{导向部分} \begin{cases} \text{直线运动用导轨导向} \\ \text{回转运动用轴承来导向} \end{cases} \end{cases}$$

（2）传动机构：各种机械构件的特点参见表 4.1。

（3）执行元件分为如下 3 种类型，其特点及优缺点参见表 4.2。

$$\text{执行元件} \begin{cases} \text{电压式} \\ \text{气压式} \\ \text{液压式} \end{cases}$$

（4）电动机控制方式有开环、闭环和半闭环 3 种方式。

（5）驱动部件的功能包括功率放大、信号量的变换和系统匹配。

（6）电磁式执行装置是将电能变成电磁力，包括以下执行元件。

$$\text{电磁式执行装置} \begin{cases} \text{电磁铁} \\ \text{步进电动机} \\ \text{伺服电动机} \begin{cases} \text{交流伺服电动机} \\ \text{直流伺服电动机} \end{cases} \end{cases}$$

（7）液压气动执行装置：液压执行装置是将液压能量变换成直线、旋转或摆动运动的机械能；气动执行装置则是把压缩空气的能量变换成直流、旋转或摆动等运动来驱动机械作功。它们的执行装置主要有以下几种。

$$
液压执行装置
\begin{cases}
液压缸 \\
液压电动机 \\
摆动电动机
\end{cases}
\quad
气动执行装置
\begin{cases}
汽缸 \\
气动电动机 \\
摆动式
\end{cases}
$$

（8）液压伺服系统：由液压马达，液压缸等执行装置和伺服阀门、位置传感器、伺服放大器等基本环节构成。

（9）液动执行机构的驱动部件如下。

$$
\begin{array}{l}
液压驱动 \\
部件
\end{array}
\begin{cases}
气压驱动 \\
液压驱动 \\
电液驱动
\end{cases}
$$

（10）气动执行机构的驱动部件由放大器、电动部件及变速器、位移—气压变换器、气—电变换器等部件组成。

（11）变频器基本知识。

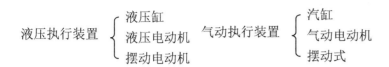

# 思考与练习

1．判断题

（1）市场上提供的国产 TTL 脉冲分配器是一种软件分配器。　　　　　　　　　　（　　　）

（2）步进电动机的进给系统采用齿轮传动，不仅是为了求得所需的脉冲当量，还有满足结构要求和增大转矩的作用。　　　　　　　　　　　　　　　　　　　　　　　　　（　　　）

（3）闭环伺服系统数控机床不直接测量机床工作台的位移量。　　　　　　　　　（　　　）

（4）大惯量直流电动机的转子惯量大，小惯量直流电动机的转子惯量小。　　　　（　　　）

（5）开环伺服系统无位置反馈装置。　　　　　　　　　　　　　　　　　　　　（　　　）

（6）电液伺服系统的执行元件为液压元件，控制系统为电器元件。　　　　　　　（　　　）

（7）电液伺服系统的执行元件常用的有电液脉冲电动机和电液伺服电动机。　　　（　　　）

（8）电气伺服系统全部采用电子器件和电动机，操作维护方便，可靠性高。　　　（　　　）

（9）电气伺服系统采用的驱动装置有步进电动机、直流伺服电动机和交流伺服电动机。（　　　）

（10）采用交流伺服电动机的伺服系统称为交流伺服系统。　　　　　　　　　　　（　　　）

（11）采用直流电动机的伺服系统称为直流伺服系统。　　　　　　　　　　　　　（　　　）

（12）要使各种伺服电动机、步进电动机做可靠的转动，需要有足够的电功率。　　（　　　）

（13）要使汽缸、油缸作平稳的移动，需有足够的压力差。　　　　　　　　　　　（　　　）

（14）电磁式执行装置是将电能变成电磁力，用电磁力驱动执行装置运动。　　　　（　　　）

（15）只要步进电动机不失步，其转角与控制器送出的脉冲数严格对应。　　　　　（　　　）

（16）波浪发生装置是一种在室内的水池或水路中产生与自然海域相似波浪的装置。（　　　）

（17）气压式执行装置与液压式执行装置的原理相同，只是将介质由液体改为气体。（　　　）

2. 选择题

（1）步进电动机的步距角有误差，转子转过一定步数以后会出现累积误差，转子转过一转以后，其累积误差（　　　）。

    A．越积越大　　　　　B．越积越小　　　　　C．为零　　　　　D．无法测量

（2）下列控制系统中不带反馈装置的是（　　　）。

    A．开环控制系统　　　B．半闭环控制系统　　　C．闭环控制系统

（3）保存新序号、建立新状态、保存新状态的思想出自（　　　）。

    A．环形分配程序　　　　　　　　　　B．齿补程序

    C．自动升降速程序　　　　　　　　　D．逐点比较法直线和圆弧插补程序

（4）通过复杂的坐标变换，把交流电动机模拟成直流电动机并进行控制，是对交流电动机调速控制的较理想方法。此方法称为（　　　）。

    A．矢量变换控制　　　B．坐标变换控制　　　C．调压调速　　　D．弱磁调速

（5）步进驱动系统一般与（　　　）算法相配合。

    A．逐点比较插补　　　　　　　　　　B．数字积分插补

    C．数据采样插补　　　　　　　　　　D．脉冲增量插补

（6）（　　　）的作用是将动力（如电动机的转动）经过大小或方向的变换传递给执行装置，起着接口的作用。

    A．传动机构　　　　　B．执行装置　　　　　C．步进电动机　　　D．电磁阀

（7）（　　　）包括交流伺服电动机、直流伺服电动机、步进电动机、电磁铁等。

    A．传动机构　　　　　　　　　　　　B．电磁式执行元件

    C．气压执行装置　　　　　　　　　　D．液压执行装置

（8）（　　　）由电源供给电力变换器，经电力变换器的变压或整流后输送给电动机，使电动机转动，从而驱动执行装置运动。

    A．传动机构　　　　　　　　　　　　B．电磁式执行元件

    C．电动机驱动系统　　　　　　　　　D．液压执行装置

（9）（　　　）是一种将输入脉冲信号转换成相应角位移的旋转电动机，可以实现高精度的角度控制。

    A．传动机构　　　　　　　　　　　　B．步进电动机

    C．电动机驱动系统　　　　　　　　　D．液压执行装置

（10）（　　　）先将电能变换为液压能并用电磁阀改变压力油的流向，从而使液压执行元件驱动执行装置运动。

    A．传动机构　　　　　　　　　　　　B．步进电动机

    C．电动机驱动系统　　　　　　　　　D．液压执行装置

（11）所谓（　　　），就是把液压能量变换成直线、旋转或摆动运动的机械能，从而带动机械做功的装置

    A．传动机构　　　　　　　　　　　　B．步进电动机

    C．电动机驱动系统　　　　　　　　　D．液压执行装置

（12）伺服系统就是以机械的位置作为被控量，能跟随设定值的任意变化的（　　　）系统。

　　A．自－手动控制　　　B．半自动控制　　　C．手动控制　　　D．自动控制

（13）一般来说，伺服系统是一个（　　），把控制动作的结果与目标值相比较，并通过调节使二者趋于一致。

　　A．反馈闭环系统　　　　　　　　　　　B．反馈开环系统

　　C．反馈半闭环系统　　　　　　　　　　D．反馈半开环系统

（14）开关式（　　）先把电信号放大后再驱动电磁阀，以控制液体的流量、压力和方向，然后带动执行机构工作。

　　A．电液驱动部件　　　　　　　　　　　B．驱动部件

　　C．电液部件　　　　　　　　　　　　　D．电气驱动部件

（15）（　　）的工作原理就是把市电（380V 或 220V、50Hz）通过整流器变成平滑直流，然后利用半导体器件（GTO、GTR 或 IGBT）组成的三相逆变器，将直流电变成可变电压和可变频率的交流电，并采用输出波形调制技术，使得输出波形更完善。

　　A．变频器　　　　　　B．步进电动机　　　C．伺服电动机　　　D．控制器

3．填空题

（1）伺服系统因被控对象的运动、检测部件以及机械结构等的不同而对伺服系统的要求有差异，但所有伺服系统的共同点是_____。

（2）建立伺服系统数学模型的方法一般分为_____和实验法。

（3）步进电动机的步距角计算公式为_____，步距角越小，意味着它所能达到的位置精度越_____。

（4）直流伺服电动机惯量匹配原则，对小惯量直流伺服电动机 $J_{eL}/J_m$ 推荐_____、对大惯量直流伺服电动机 $J_{eL}/J_m$ 推荐_____。

（5）直流伺服电动机目前常用_____调速驱动系统和_____调速驱动系统两种方式。

（6）把微机系统后向通道的弱电控制信号转换成能驱动执行元件动作的具有一定电压和电流的强电功率信号或液压气动信号，称为_____。

（7）环形分配模块程序 55H 地址的高 4 位存放_____、低 4 位存放_____。

（8）对步进电动机施加一个电脉冲信号时，步进电动机就回转一个固定的角度，叫做_____，电机的总回转角和输入_____成正比，而电动机的转速则正比于输入脉冲的_____。

（9）对于直流、交流伺服电动机，现常用的插补算法是_____。

（10）从系统的控制结构看，闭环伺服系统可以看做为以_____为外环，速度调节为内环的双闭环自动控制系统。

（11）液压执行装置的主要特点是能够将_____简便地转换为运动的_____，输出功率大也是液压执行装置的重要特点。

（12）所谓执行装置，就是把从电源、液压、气压等_____获得的_____变换成旋转运动或者直线运动的机械能，同时产生使机械工作的力的一种装置。

（13）伺服系统是自动控制系统的一类，它的输出变量通常是机械或位置的运动，它的_____是实现执行机构对给定指令的_____，即实现输出变量的某种状态能够自动、连续、精确地复现输入指令信号的变化规律。

（14）_____以位置检测信号的幅值大小反映机械位移的数值，并以此信号作为位置反馈

信号，一般还要转换成数字信号才能与指令信号进行比较，而后获得位置偏差信号构成闭环控制系统。

（15）变频器对输出波形的调制既要变频，又要变压，变频是由逆变器完成的，而变压按输出电压调节方式不同，变频器有_____、_____、_____等多种方式。

4. 问答题

（1）三相步进电动机为什么常采用三相六拍通电方式，而很少采用三相单三拍？

（2）什么是步进电动机的通电方式？常用的有哪几种？

（3）什么是 PWM？它有什么用途？

（4）变频调速有哪几种控制方式？请简要说明。

（5）交—直—交变频与交—交变频有何异同？

# 第5章

## 接口技术

接口将机电一体化产品或系统中的各要素、各子系统有机地结合起来，是各子系统之间以及子系统内各模块之间相互连接的硬件及相关协议软件。

知识目标

◎ 了解接口的分类
◎ 了解人—机接口的类型及特点
◎ 了解机电接口的类型及特点

## 5.1　接口技术概述

机电一体化产品的性能很大程度上取决于接口的性能，即各要素和各子系统之间的接口性能是机电一体化系统性能好坏的决定性因素。在这一节中，我们将了解什么是接口。

### 5.1.1　接口的定义

机电一体化产品或系统由机械本体、检测传感系统、电子控制单元、执行器、动力源等部分组成，各子系统又分别由若干要素构成。若要将各要素、各子系统有机地结合起来，构成一个完整的机电一体化系统，各要素、各子系统之间需要进行物质、能量和信息的传递与交换，如图 5.1 所示。为此，各要素和子系统的相接处必须具备一定的联系条件，这个联系条件通常被称为接口，简单地说，接口就是各子系统之间以及子系统内各模块之间相互连接的硬件及相关协议软件。

也可以把机电一体化产品看成是由许多接口将组成产品的各要素的输入/输出联系为一体的机电系统。

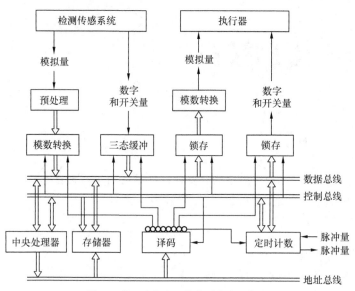

图 5.1　接口在机电一体化系统中的作用

## 5.1.2　接口的分类

从不同的角度及工作特点出发，机电一体化系统的接口有多种分类方法。根据接口的变换和调整功能，可将接口分为零接口、被动接口、主动接口和智能接口；根据接口的输入/输出对象，可将接口分为机械接口、物理接口、信息接口、环境接口等；根据接口的输入/输出类型，可将接口分为数字接口、开关接口、模拟接口和脉冲接口。

微机、接口与机械装置之间由信号线相连接的方法有下面两种。

（1）只进行数据交换的连接方法。

（2）既进行数据交换又具有控制作用的连接方法。

表 5.1 所示为信号线的连接方法。

表 5.1　　　　　　　　　　　信号线连接方法

| 连 接 方 法 | | 信号流方向 | 应 用 |
|---|---|---|---|
| 仅进行数据输入、输出时的信号线连接方法 | 输出 | 微机 → 接口 → 机器（数据） | LED 显示，驱动继电器可控硅开关，电机的驱动 |
| | 输入 | 微机 ← 接口 ← 机器（数据） | 传感器信号的输入，如光电开关、编码器等 |
| 既进行数据交换又具有控制作用的连接方法 | 输出 | 微机 → 接口 → 机器（数据）（控制） | 打印机、绘图机控制 |

续表

| 连 接 方 法 | 信号流方向 | | 应 用 |
|---|---|---|---|
| 既进行数据交换又具有控制作用的连接方法 | 输入 |  | 键盘输入控制 |
| | 输出输入 | | 工业机器人，机械设备软盘驱动器 |

机电一体化系统对接口有以下要求。
（1）能够输入有关的状态信息，并能够可靠地传送相应的控制信息。
（2）能够进行信息转换，以满足系统对输入与输出的要求。
（3）具有较强的阻断干扰信号的能力，以提高系统工作的可靠性。

本章根据接口所联系的子系统不同，以信息处理系统（微电子系统）为出发点，将接口分为人—机接口与机电接口两大类，对各子系统内部接口不作具体介绍。

# 5.2 人—机接口

人—机接口实现人与机电一体化系统的信息交流、信息反馈，保证对机电一体化系统的实时监测、有效控制。由于机械与电子系统工作形式、速率等存在极大的差异，机电接口还起着调整、匹配、缓冲的作用。

## 5.2.1 人—机接口的类型及特点

人—机接口是操作者与机电系统之间进行信息交换的接口。按照信息的传递方向，可以分为输入接口与输出接口两大类。机电系统通过输出接口向操作者显示系统的各种状态、运行参数、结果等信息，另一方面，操作者通过输入接口向机电系统输入各种控制命令，干预系统的运行状态，以实现所要求完成的任务。

在机电一体化产品中，常用的输入设备有控制开关、BCD 二—十进制码拨盘、键盘等，常用的输出设备有状态指示灯、发光二极管显示器、液晶显示器、微型打印机、阴极射线管显示器等，扬声器作为一种声音信号输出设备，在机电一体化产品中也有广泛的应用。

人—机接口作为人—机之间进行信息传递的通道，具有以下一些特点。
（1）专用性。每种机电一体化产品都有其自身特定的功能，对人—机接口有着不同的要求，所以在制订人—机接口的设计方案时，要根据产品的要求而定。例如，对于简单的二值型控制参数，可以考虑采用控制开关；对于少量的数值型参数输入，可以考虑使用 BCD 码拨盘；而当系统要求输入的控制命令和参数比较多时，则应考虑使用行列式键盘。
（2）低速性。与控制机的工作速度相比，大多数人—机接口设备的工作速度很低，在进行人—

机接口设计时，要考虑控制机与接口设备间的速度匹配，以提高系统的工作效率。

（3）高性价比。在满足功能要求的前提下，输入/输出设备配置以小型、微型、廉价型为原则。

## 5.2.2　输入接口

### 1. 开关输入接口

对于一些二值型控制命令和参数，常采用简单的开关作为输入设备。常用的开关有按钮、转换开关等，其表示符号与接口示例如图 5.2 所示。

控制微机通过 I/O 口或扩展 I/O 口对 A 点电位进行检测，从而判断开关的状态。由于这类开关都是机械开关，机械触点的弹性作用使开关在闭合及断开瞬间产生抖动，造成 A 点电位产生一系列脉冲，如图 5.3 所示。电压抖动时间的长短，与

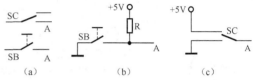

图 5.2　几种开关符号

机械特性有关，一般为 5～10ms。按钮的稳定闭合期由操作员的按键动作决定，一般在几百微秒至几秒之间，所以，在进行接口设计时需要采取软件或硬件措施进行消抖处理。软件消抖是在检测到开关状态后，延时一段时间再进行检测，若两次检测到的开关状态相同则认为有效。延时时间应大于抖动时间。硬件消抖常采用图 5.4 所示的电路，其中图 5.4（a）所示为双稳态滤波消抖，图 5.4（b）所示为单稳态多谐震荡消抖，图中 74 121 是带有施密特触发器输入端的单稳态多谐震荡器。

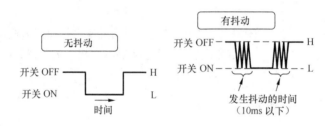

图 5.3　开关通断时的电压抖动

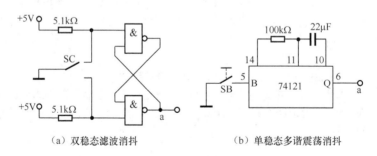

（a）双稳态滤波消抖　　　　　　　（b）单稳态多谐震荡消抖

图 5.4　硬件开关通断去抖电路

开关数量不多时可以采用开关和 CPU I/O 口直接连接的方式，当开关数量较多时，则应采用矩阵排列方式。

### 2. 拨盘输入接口

拨盘是机电一体化系统中常用的一种输入设备，若系统需要输入少量的参数，如修正系数、

控制目标值等,则采用拨盘较为方便可靠。这种输入方式具有保持性。

(1)BCD 码拨盘结构。拨盘种类很多,作为人—机接口使用最方便的是十进制输入、BCD 码输出的 BCD 码拨盘,其结构如图 5.5 所示。

拨盘内部有一可转动圆盘,具有"0~9"10 个位置,可以通过前面两个"+、−"按钮进行位置选择,对应每个位置,前面窗口有数字提示,拨盘后面有 5 根引出线,分别定义为 A、1、2、4、8。当拨盘在不同位置时,1、2、4、8 线的通断关系如表 5.2 所示。

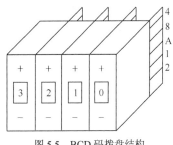

图 5.5　BCD 码拨盘结构

表 5.2　　　　　　　　　　　　　　　　BCD 码拨盘通断状态表

| 位　置 | 线 号 权 值 | | | |
|---|---|---|---|---|
| | 1 | 2 | 4 | 8 |
| 0 | 0 | 0 | 0 | 0 |
| 1 | 1 | 0 | 0 | 0 |
| 2 | 0 | 1 | 0 | 0 |
| 3 | 1 | 1 | 0 | 0 |
| 4 | 0 | 0 | 1 | 0 |
| 5 | 1 | 0 | 1 | 0 |
| 6 | 0 | 1 | 1 | 0 |
| 7 | 1 | 1 | 1 | 0 |
| 8 | 0 | 0 | 0 | 1 |
| 9 | 1 | 0 | 0 | 1 |

由表 5.2 中可以看出,若将 A 线作为控制线,将 1、2、4、8 线作为数据线,当 A 线接到控制电平时,数据线输出的即是与拨盘位置相对应的 BCD 码。一片拨盘可以输入一位十进制数,当需要输入多位十进制数时,可以选用多片拨盘拼接,并通过相应的接口设计给每片拨码盘赋予相应的十进制权值。

(2)BCD 码拨盘的静态接口。由上述可知,BCD 码拨盘可以直接与控制微机的并行口或扩展并行口相连,以 BCD 码形式输入信息。图 5.6 所示为单片 BCD 码拨盘与 8031 的 P1 口的接口电路。从图中可以看出,每一片拨盘占用 4 根 I/O 口线,8031 可以通过 P1 口直接读取拨盘数据。

(3)BCD 码拨盘的动态接口。当系统需要输入 N 位十进制数时,可以选 N 片拨盘拼接,如按图 5.6 所示的接法,需要占用 4×N 根 I/O 口线。为节省 I/O 资源,可以采用动态接口方法,图 5.7 所示为多片 BCD 码与 8031 通过 P1 口扩展 4 片 BCD 码拨盘的动态接口电路。

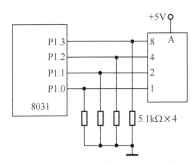

图 5.6　单片 BCD 码拨盘与 8031 的接口

当进行读码盘操作时,将 P1.7 置为低电平,P1.4、P1.5、P1.6 置为高电平,此时从 P1.0~P1.3

读取的即为第四位码盘（千位）的值。同理，分别将 P1.6、P1.5、P1.4 中的一位置为低电平，而将其他输出口线置为高电平，即可从 P1.0～P1.3 读取百位、十位和个位的输入值。

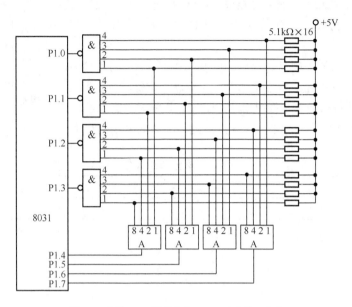

图 5.7　多片 BCD 码拨盘与 8 031 动态接口电路

### 3. 键盘输入接口

在机电一体化产品的人—机接口中，当需要操作者输入的指令或参数比较多时，可以选择键盘作为输入接口。下面介绍矩阵式键盘的工作原理、硬件接口电路和按键处理程序。

矩阵式键盘由一组行线（Xi）与一组列线（Yi）交叉构成，按键位于交叉点上，为对各个键进行区别，可以按一定规律分别为各个键命名键号，如图 5.8 所示。

将列线通过上拉电阻接至+5V 电源，当无键按下时，行线与列线断开，列线呈高电平。当键盘上某键按下时，则该键对应的行线与列线被短路。例如，7 号键被按下闭合时，行线 X3 与列线 Y1 被短路，此时 Y1 的电平由 X3 电位决定。如果将列线接至控制微机的输入口，行线接至控制微机的输出

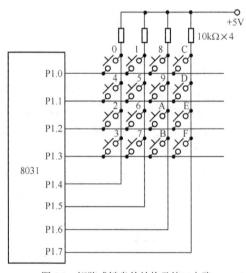

图 5.8　矩阵式键盘的结构及接口电路

口，则在微机控制下依次从 X0～X3 输出低电平，并使其他线保持高电平，则通过对 Y0～Y3 的读取即可判断有无键闭合、哪一个键闭合。这种工作方式称为扫描工作方式，控制微机对键盘的扫描可以采取程控方式、定时方式，亦可以采取中断方式。图 5.8 中还示出了 8 031 通过 P1 口与一个 4×4 键盘的接口电路，其中 P1.0～P1.3 作行扫描输出线，P1.4～P1.7 作列检测输入线。

## 5.2.3  输出接口

目前常用的数码显示器有发光管的 LED 和液晶的 LCD 两种，显示方式可以是静态显示或动态显示。

 **如果采用图 5.9（a）所示的电路, LED 会不会发光?**

当需要用计算机的输出点亮 LED，如果采用图 5.9（a）所示的电路，LED 一般不会发光，即使发光也非常暗。要令 LED 正常发光，通常需要其正向导通电流达到 10mA，而此时的正向导通电压约为 2.0V，也就是说，若令 LED 发光，就需要给它提供 10mA 的电流和 2.0V 以上的电压。

在实际电路中，通常采用图 5.9（b）所示的电路，在计算机输出口与 LED 之间加入一个缓冲器。缓冲器 7 404 在输入时的灌电流要比输出高电平时的拉电流大，按图 5.9（b）所示的方法组成驱动电路。此外，采用集电极开路输出型的缓冲驱动器如图 5.9（c）所示。

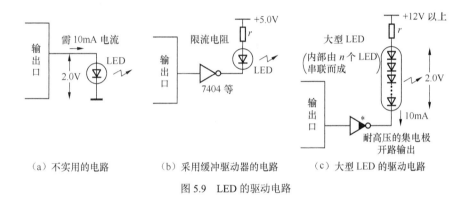

（a）不实用的电路　　　（b）采用缓冲驱动器的电路　　　（c）大型 LED 的驱动电路

图 5.9　LED 的驱动电路

### 1. 动态 LED 显示方式

LED 显示器工作在动态显示方式时，段选码端口 $I/O_1$ 用来输出显示字符的段选码，$I/O_2$ 输出位选码。$I/O_1$ 不断送出待显示字符的段选码，$I/O_2$ 不断送出不同的位扫描码，并使每位显示字符停留显示一段时间，一般为 1～5ms，利用眼睛的视觉惯性，从显示器上便可以见到相当稳定的数字显示。

8 155 控制的动态 LED 显示如图 5.10 所示。8 155 的 PB0～PB7 作为段选码口，经 7 407 驱动与 LED 的段相连；8 155 的 PA0～PA5 作为位选码口，经 7 406 驱动与 LED 的位相连。P2.7 反相后做 8 155 的片选 $\overline{CE}$，P2.6 接 8 155 的 IO/$\overline{M}$ 端。

### 2. 静态 LCD 显示电路

图 5.11 所示为串行口扩展的两位静态 LCD 显示电路。当 8 031 的串行口不当做通信使用时，可以使它工作在移位寄存器方式（方式 0），扩展 74LS164 来驱动 LCD 静态显示器。工作在移位寄存器方式时，串行口的 TXD 端输出移位同步时钟，RXD 端输出串行数据，即段选码数据。

### 3. 可编程的输入/LED 显示

8 729 是可编程的输入/显示接口芯片，它能自动完成键盘的扫描输入和 LED 扫描显示输出。

键盘部分提供的扫描方式可以和具有 64 个触点的键盘或传感器相连，能自动清除按键抖动，并实现多键同时按下的保护。显示部分按扫描方式工作，可以连接 8 位或 16 位 LED 显示块。8 729 输入/显示接口芯片应用接口电路如图 5.12 所示。

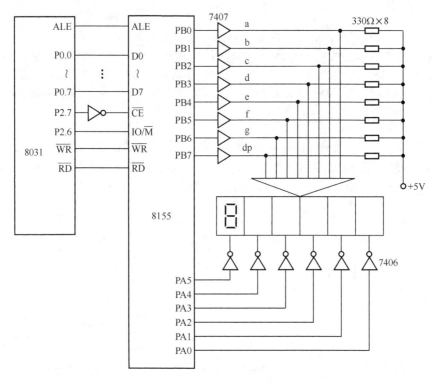

图 5.10　经 8 155 扩展端口的 6 位 LED 动态显示接口

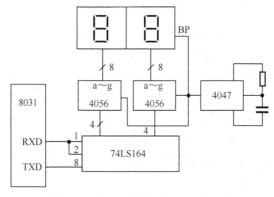

图 5.11　串行口连接的静态 LCD 电路

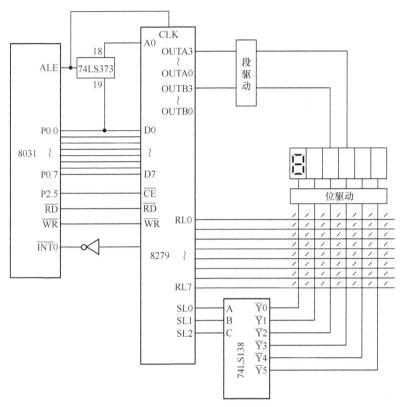

图 5.12  8 729 输入/显示接口芯片应用接口电路

当开、关白炽灯时，由于其结构上的原因，灯丝会在开关开、闭的瞬间流过一个很大的电流（冲击电流），因此，对于动态显示高速重复 ON、OFF 的操作，灯丝会很快烧断。为了解决这一问题，可以令灯丝在不发光时也不完全处于 OFF 状态，而是还流过一定的电流，只是这个电流不足以使其发光。

### 电视机显示器

CRT 显示器与电视机显示器的显示原理相同，都是在 CRT 管面上显示图形和文字。在 CRT 中，电子束需要扫描整个管面。当电子束扫描到管面上需要显示的位置时，有选择地使其发光，就可以在管面上形成图形或文字。由于管面是用荧光粉发光的，具有发光残留时间，因此，若能在 1s 内扫描 60 帧左右的画面就可以得到稳定的显示。然而，在这种显示过程中需要传输大量的显示数据，为了减少 CPU 传输这些数据所占用的时间，通常将要显示的数据预先存放到 VRAM 中，再由一个 LSI 化的专用芯片控制这些数据的输出。

### 液晶显示器

LCD 就是液晶显示器，它是利用给液晶施加不同电压时液晶的相位方向将发生透光与不透光这一原理制成的一种显示器件。它与七段数码管或点阵式显示器相同，都是采用动态扫描方式进行显示，基本结构也与 CRT 相似，可以用来替代 CRT 显示器。在显示时，要将显示数据以比 CRT 扫描频率更高的频率重复输出，并且，这种数据输出是由专用的 LCDC 来控制完成的。为了提高 LCD 的响应速度，目前广泛采用各液晶点都配有三极管的薄膜晶体管。

# 5.3 机电接口

机电接口是指机电一体化产品中的机械装置与控制微机间的接口。按照信息的传递方向，机电接口分为信息采集接口和控制量输出接口。

## 5.3.1 机电接口的类型及特点

按照信息和能量的传递方向，机电接口又可分为信息采集接口（传感器接口）与控制输出接口。信息处理系统通过信息采集接口接收传感器输出的信号，检测机械系统运行参数，经过运算处理后，发出有关控制信号，经过控制输出接口的匹配、转换、功率放大，驱动执行元件，以调节机械系统的运行状态，使其按要求动作。

**1. 信息采集接口**

在机电一体化产品中，控制微机要对机械执行机构进行有效控制，就必须随时对机械系统的运行状态进行监视，随时检测运行参数，如温度、速度、压力、位置等，因此，必须选用相应传感器将这些物理量转换为电量，再经过信息采集接口进行整形、放大、匹配、转换，变成微机可以接收的信号，如传感器的输出信号既有开关信号（如限位开关，时间继电器等），又有频率信号（超声波无损探伤）；既有数字量，又有模拟量（如温敏电阻，应变片等）。针对不同性质的信号，信息采集接口要对其进行不同的处理，例如，对模拟信号必须进行 A/D（模/数）转换。

只有在 CPU 命令接口进行数据输入时，才将来自外设的数据传送到数据总线。为了保证这一过程能够按规定的时序进行，可以在两者之间加一个三态门。然而，由于 CPU 的输入数据指令的时刻与输入设备的状态不一定完全对应，因而在这里如果来自输入设备的数据具有瞬间消失特点，就需要先将外设送来的数据在输入端口内进行锁存，等到 CPU 发出输入命令时再将该数据送到数据总线上传输给 CPU。

**2. 控制量输出接口**

在机电一体化产品中，被控对象所需要的驱动功率一般都比较大，而计算机发出的数字控制信号或经 D/A 转换后得到的模拟控制信号都很小，因而必须经过功率放大后才能用来驱动被控对象。实现功率放大的接口电路称功率接口电路。

> 控制量输出接口的作用是控制微机通过信息采集接口检测机械系统的状态，经过运算处理，发出有关控制信号，经过控制输出接口的匹配、转换、功率放大，驱动执行元件去调节系统的运行状态，使其按设计要求运行。根据执行元件的不同，控制接口的任务也不同。例如，对于交流电动机变频调速器，控制信号为 0～5V 电压或 4～20mA 电流信号，则控制输出接口必须进行 D/A（数/模）转换；对于交流接触器等大功率器件，必须进行功率驱动。

**3. 信号在传输过程中变换**

在成套仪表系统及自动检测装置中，希望传感器和仪表之间及仪表和仪表之间的信号传送都采用统一的标准信号。

目前，世界各国均采用直流信号作为统一信号，并将直流电压 0～5V 和直流电流 0～10mA

或 4～20mA 作为统一的标准信号。为了信号的远距离传送，经常将电压信号转换成 0～10mA 或 4～20mA 的电流信号。

想一想
为什么采用直流信号作为统一的标准信号，而不采用交流信号？
（1）在信号传输线中，直流不受交流感应的影响，干扰问题易于解决。
（2）直流信号不受传输线路的电感、电容及负荷性质的影响，不存在相位移的问题，使接线简单。
（3）直流信号便于 A/D 转换，因而巡回检测系统都是以直流信号作为输入信号。

## 5.3.2  A/D 转换接口

计算机只能处理数字信号，而从传感器等外部设备输入的信号一般都是模拟信号。将这种模拟信号转换成计算机能处理的数字信号的器件称为 A/D 转换器。实现 A/D 转换的方法很多，在实际应用中，应根据转换精度及转换时间的要求加以选择。

### 1. A/D 转换器的种类

A/D 转换器的种类如表 5.3 所示。

表 5.3  A/D 转换器的种类

| 参　数 | 双重积分型 | 逐次比较型 | 跟踪比较型 | 并行比较型 |
|---|---|---|---|---|
| 特点 | 利用电容充放电原理，通过测量（计数）放电时间来测量模拟量，多用于高分辨率产品 | 内部具有 D/A 转换器，分辨率中等的产品居多 | 与逐次比较型的结构相似，但内部不是采用逐次比较寄存器而是采用加/减计数器 | 内部具有与分辨率个数相同的比较器，转换速度快，但分辨率较低 |
| 转换速度 | 低速 | 中高速 | 中低速 | 高速 |

### 2. A/D 转换器的工作原理

A/D 转换是从模拟量到数字量的转换，它是信息采集系统中模拟放大电路和 CPU 的接口，如图 5.13 所示。A/D 转换芯片种类繁多，主要有逐次比较式、双积分式、量化反馈式和并行式。

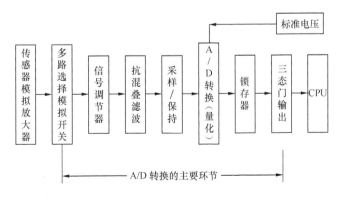

图 5.13  A/D 转换在信息采集系统中的作用

（1）多路选择模拟开关。多路选择模拟开关的作用是使 A/D 转换能分时对多路模拟信号进行数据采集，常用的模拟开关有 4 051、AD7501 等，它们都是 8 选 1 模拟开关。

（2）信号调节器。信号调节器的作用是调节模拟信号的幅度，使模拟信号的大小符合 A/D 转换的要求。

（3）A/D 转换、分辨率、量化误差。

采样保持使模拟信号在时域离散化，但在幅值域仍然是连续的。量化（A/D 转换）环节使信号在幅值域离散化。关于量化的具体细节请参阅相关专业书籍，此处仅涉及与应用有关且十分重要的分辨率和量化误差问题。

与一般测量仪表的分辨率表达方式不同，习惯上以输出二进制位数或者 BCD 码位数表示 A/D 转换器的分辨率，不采用可分辨的输入模拟电压相对值表示。例如 AD574A 的分辨率为 12 位，即该转换器的输出可以用 $2^{12}$ 个二进制数进行量化，其分辨率为 1LSB。量化误差和分辨率是统一的，量化误差是由于用有限数字对模拟数值进行离散取值（量化）而引起的误差。理论上量化误差为一个单位分辨率，即 ±1/2LSB，提高分辨率可以减少量化误差。

**MSB 与 LSB**

在用一个字节表示，8 个开关 ON，OFF 状态（0 或 1）的数据中，其中的最高位称为 MSB，最低位称为 LSB。

（4）采样定理和抗混叠滤波。两次采样的间隔时间决定于 A/D 转换、采样、通道个数以及程序。采样间隔时间的倒数是采样频率。奈奎斯特采样定理的内容是：为了使采样输出信号能无失真地复现原输入信号，必须使采样频率至少为输入信号最高有效频率的两倍，否则会出现频率混叠误差。抗混叠滤波的作用是依据采样定理，滤除输入信号过高的频率成分，减小混叠误差。

（5）A/D 转换时间与转换速率。A/D 转换器完成一次转换所需要的时间为 A/D 转换时间，其倒数为转换速率。目前，转换时间最短的是全并行式 A/D 转换器，例如，美国 RCA 公司生产的 TDC1029J 型 A/D 转换器，其分辨率为 6 位，转换速率为 100MS/s，转换时间为 10ns。逐次比较式 A/D 转换器的转换时间可达 0.4μs，双积分 A/D 转换器的转换时间一般要大于 40～50ms。采样定理和减小孔径误差都要求转换时间越小越好，转换速率越高越好，但目前速度最快的全并行式 A/D 转换器价格比较贵，且分辨率低。双积分式 A/D 转换器速度慢，但价格便宜，抗干扰能力强。逐次比较式 A/D 转换器的速度和价格居中，分辨率远高于并行式 A/D 转换器，是目前种类最多、数量最大、应用最广的 A/D 转换器。

（6）转换精度。A/D 转换器的转换精度反映了实际 A/D 转换器的量化值与理想值的差值，可表示成绝对误差或相对误差。例如，手册上给出 ADC0801 8 位逐次比较式 A/D 转换器的不可调整的总误差小于 ±1/4LSB，如以相对误差表示则为 ±0.1%。

### 3. 逐次逼近型 A/D 转换器

ADC0809 是 8 位逐次逼近型 A/D 转换器，它有 8 个模拟量输入通道，芯片内带通道地址译码锁存器，输出经三态输出数据锁存器，启动信号为脉冲启动方式，每一通道的转换时间大约为 100μs。

图 5.14 所示为 ADC0809 结构图，它主要由两大部分组成：一部分为输入通道，包括 8 位模拟开关，3 条地址线的锁存器和译码器，可以实现 8 路模拟输入通道的选择；另一部分为一个逐次逼近型 A/D 转换器。图 5.15 所示为 ADC0809 的引脚和通道地址码。

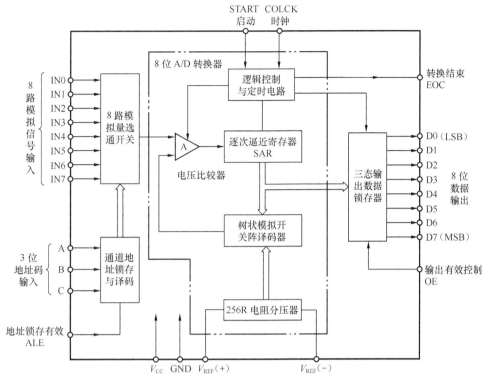

图 5.14 ADC0809 结构图

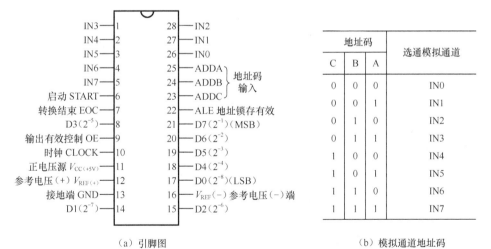

（a）引脚图

| 地址码 | | | 选通模拟通道 |
|:---:|:---:|:---:|:---:|
| C | B | A | |
| 0 | 0 | 0 | IN0 |
| 0 | 0 | 1 | IN1 |
| 0 | 1 | 0 | IN2 |
| 0 | 1 | 1 | IN3 |
| 1 | 0 | 0 | IN4 |
| 1 | 0 | 1 | IN5 |
| 1 | 1 | 0 | IN6 |
| 1 | 1 | 1 | IN7 |

（b）模拟通道地址码

图 5.15 ADC0809 的引脚和通道地址码

图中：

IN0～IN7：8 个模拟通道输入端；

START：启动转换信号；

EOC：转换结束信号；

OE：输出允许信号，信号由 CPU 读信号和片选信号组合产生；

CLOCK：外部时钟脉冲输入端，典型值为 640kHz；

ALE：地址锁存允许信号；

A、B、C：通道地址线，CBA 的 8 种组合状态 000～111 对应了 8 个通道选择；

$V_{REF\,(+)}$、$V_{REF\,(-)}$：参考电压输入端；

$V_{cc}$：+5V 电源；

GND：地。

C、B、A 输入的通道地址在 ALE 有效时被锁存，启动信号 START 启动后开始转换，但是 EOC 信号是在 START 的下降沿 10μs 后才变为无效的低电平，这要求查询程序待 EOC 无效后再开始查询，转换结束后由 OE 产生信号输出数据。

**4. ADC0809 与单片机接口**

图 5.16 所示为 ADC0809 与 8031 的接口电路，从图中可以看出，ADC0809 的启动信号 START 由片选线 P2.7 与写信号 $\overline{WR}$ 的或非产生，这要求一条向 ADC0809 的操作指令来启动转换。ALE 与 START 相连，即按输入的通道地址接通模拟量并启动转换。输出允许信号 OE 由读信号 $\overline{RD}$ 与片选线 P2.7 的或非产生，即一条 ADC0809 的读操作使数据输出。

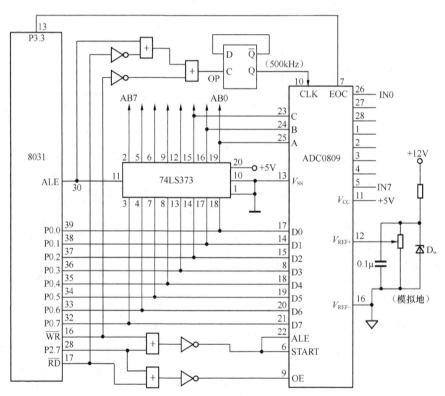

图 5.16　ADC0809 与 8031 的接口电路

按照图 5.15 中的片选线接法，ADC0809 的模拟通道 0～7 的地址为 7FF8H～7FFFH，输入电压 $V_{IN} = D \times V_{REF}/255 = 5D/255$，其中 $D$ 为采集的数据字节。8 路模拟信号的采集程序如下。

从 ADC0809 的 8 通道轮流采集一次数据，采集的数据放在数组 ad 中，程序如下：

```
#include <absacc.h>
#include<reg51.h>
#define uchar unsigned char
#define INO XBYTE[ox7ff8            /*设置 AD0809 的通道 0 地址*/
```

```
sbit ad_busy=P3^3;
void ad0809(uchar idata *x)
{ uchar i;
  uchar xdata *ad_adr;
  ad_adr=&IN0;
  for(i=0; i<8; i++)                    /*处理8通道*/
  { *ad_adr=0;
    i=i;
    i=i;
    while(ad_busy==0);                  /*查询等待转换结束*/
    x[i]=*ad_adr;
    ad_adr++;
  }
}
void main(void)
{
 static uchar idata ad[10];
 ad0809(ad);
}
```

**编码器**

编码器可以一次性地完成 A/D 转换。从比较器输出的 256 个数字信号,经编码器编码后就可得到 8 位的转换结果。采用这种方式制成的转换器,要想提高其分辨率,比较器的数目就会成指数倍地增加,因此,这类转换器的分辨率一般不会做得很高,但由于其转换速度最快,所以在图像处理等领域中会经常采用。

**ADPCM**

在 CD 等数字音频设备中,普遍采用一种称为 ADPCM 的高效压缩方式,对声音信号进行数字压缩处理。CD 采用 44.1kHz 的采样频率,用 16 位数字对音频信号进行量化。若将这种量化后的数据直接按 PCM 方式存储,就会产生每分钟高达 11MB 的数据。为了减少数据的存储量,可以采用只存储单位时间内数据变化量的方法,这种数据处理方法称为 ADPCM 压缩。在数字音频类设备中,由于采用 ADPCM 压缩技术,因此,可以用较小的信息量得到较大的动态范围音频效果。

## 5.3.3 D/A 转换接口

计算机输出的信号都是数字信号,而被控的输出设备中有很多是需要用模拟信号加以控制的,因此,掌握将数字信号转换成模拟信号的 D/A 转换技术非常重要。实现 D/A 转换的方法有很多,在实际应用中,应根据转换精度及转换时间的要求加以选择。

1. D/A 转换器的种类

D/A 转换器的种类如表 5.4 所示。

表 5.4　　　　　　　　　　　　　　D/A 转换器的种类

| 名　　称 | 加权电阻型 | Ｔ　型 | 脉宽调制型 | 频率调制型 | 加权恒流型 |
|---|---|---|---|---|---|
| 建立时间 | 中 | 短 | 长 | 长 | 短 |
| 分辨率 | 低 | 中 | 中 | 低 | 高 |
| 结构 | 简单 | 简单 | 稍微复杂 | 稍微复杂 | 稍微复杂 |

## 2. D/A 转换器的工作原理

在机电一体化产品的控制系统中，当计算机完成控制运算处理后，通过输出通道向被控对象输出控制信号。计算机输出的控制信号主要有 3 种形态：数字量、开关量和频率量，而被控对象接收的控制信号除上述 3 种直接由计算机产生的信号外，还有模拟量控制信号，该信号需通过 D/A 变换产生。

（1）加权电阻型。加权电阻型 D/A 转换器的基本电路如图 5.17 所示。在该电路中，各电阻的阻值按 2 的指数增加，它将恒压源的电压作为输入数据，加在这些电阻上，因此，也称它为恒流开关型 D/A 转换器。从图 5.17 中可以看出，这种 D/A 转换器是由各位都带有固定系数的模拟加法器构成的。采用这种方式，容易制成高速型 D/A 转换器，但必须配备与转换位数相同种类的高精度电阻。这种电路的数据建立时间（从转换开始至输出模拟电压达到容许范围的时间）并不是很短。

（2）T 型（R-2RT 形）。T 型 D/A 转换器的基本电路，如图 5.18 所示。在该电路中，电阻的种类只有两种且与转换位数无关。图中的 OP（运算放大器）的作用是电压跟随器，用来防止负载发生变化时转换器的输出随之变化，可起到阻抗变换作用。

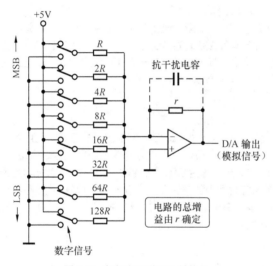

图 5.17 加权电阻型 D/A 转换器

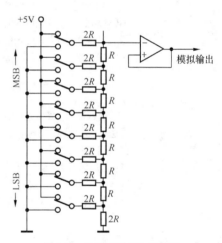

图 5.18 R-2RT 型 D/A 转换器

**注意**

从上面的基本电路图中可以看出，输入 D/A 转换器的数字信号，必须是 0V 或者是 $V_{cc}$（5.0V）的电平信号。而一般数字 IC 的输出电压并不能满足这种要求。因此，在进行 D/A 转换时，必须采用可由数字信号控制开关状态（ON、OFF）的模拟开关，将各自数据所对应的 0V 或者 $V_{cc}$ 的信号电平输入给 D/A 转换器，若 D/A 转换器的输入阻抗相对 CMOS 的输出阻抗比较高时，可利用 CMOS 电路输出电压接近 0V 或 $V_{cc}$ 这一特点，直接将 CPU 输出门（指 CMOS 缓冲器）接到 D/A 转换器的输入端。采用这种方式时，无论是加权电阻型 D/A 转换器还是 T 型 D/A 转换器，其内部电阻 $R$ 的取值必须保证在 100kΩ 以上。

（3）8 位 D/A 转换器 DAC0832。图 5.19 所示为 DAC0832 的逻辑结构图，DAC0832 由 8 位输入寄存器、8 位 DAC 寄存器和 8 位 D/A 转换器构成。

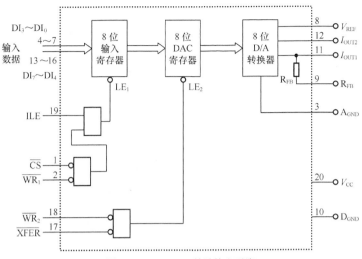

图 5.19 DAC0832 的结构和引脚

DAC0832 中有两级锁存器，第一级即输入寄存器，第二级即 DAC 寄存器。因为有两级锁存器，DAC0832 可以工作在双缓冲方式下，这样在输出模拟信号的同时可以采集下一个数字量，这样可以有效地提高转换速度。另外，有了两级锁存器，可以在多个 D/A 转换器同时工作时，利用第二级锁存信号实现多路 D/A 的同时输出。DAC0832 既可以工作在双缓冲方式，也可以工作在单缓冲方式，无论哪种方式，只要数据进入 DAC 寄存器，便可启动 D/A 转换。DAC0832 的引脚如下：

DI0～DI7：8 位数据输入端；

ILE：输入寄存器的数据允许锁存信号；

$\overline{CS}$：输入寄存器选择信号；

$\overline{WR1}$：输入寄存器的数据写信号；

$\overline{XFER}$：数据向 DAC 寄存器传送信号，传送后即启动转换；

$\overline{WR2}$：DAC 寄存器写信号，并启动转换；

$I_{OUT1}$、$I_{OUT2}$：电流输出端；

$V_{REF}$：参考电压输入端；

$R_{FB}$：反馈信号输入端；

$V_{CC}$：芯片供电电压；

$A_{GND}$：模拟电路地；

$D_{GND}$：数字地。

DAC0832 的输出是电流型的。在单片机应用系统中，通常需要电压信号，电流信号和电压信号之间的转换可由运算放大器实现。输出电压值为 $-D*V_{REF}/255$，其中 $D$ 为输出的数据字节。

DAC0832 带有数据输入寄存器，是总线兼容型的，使用时可以将 D/A 芯片直接和数据总线相连，作为一个扩展的 I/O 口。设 DAC0832 工作于双缓冲方式，输入寄存器的锁存信号和 DAC 寄存器的锁存信号分开控制，这种方式适用于几个模拟量需同时输出的系统，每一路模拟量输出需一个 DAC0832，构成多个 0 832 同步输出系统。图 5.20 所示为 DAC0832 的双缓冲接口电路。DAC0832 的输出分别接图形显示器的 XY 偏转放大器输入端。图中两片 DAC0832 的输入寄存器各占一个单元地址，而两个 DAC 寄存器占用同一单元地址。实现两片 DAC0832 的 DAC 寄存器占用同一单元地址的方法是：把两个传送允许信号 $\overline{\text{XFER}}$ 相连后接同一线选端。转换操作时，先把两路待转换数据分别写入两个 DAC0832 的输入寄存器，然后再将数据同时传送到两个 DAC 寄存器，传送的同时启动两路 D/A 转换。这样，两个 DAC0832 同时输出模拟电压转换值。两片 DAC0832 的输入寄存器地址分别为 8FFFH 和 A7FFH，两个芯片的 DAC 寄存器地址都为 2FFFH。

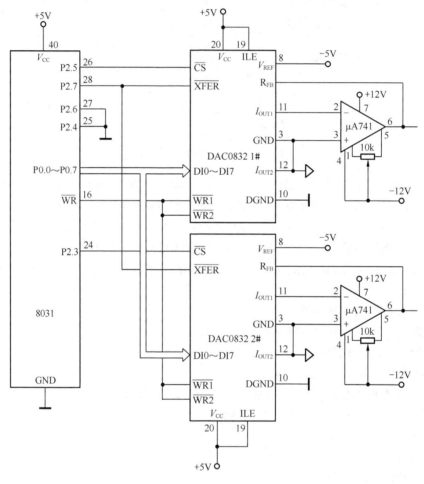

图 5.20　DAC0832 的双缓冲接口电路

将 data1 和 data2 数据同时转换为模拟量的 C51 函数 dacdb.c 如下：

```
# include <absacc.h>
# include <reg51.h>
# define INPUTR1   XBYTE[ox8fff]
# define INPUTR2   XBYTE[oxa7ff]
# define DACR      XBYTE[ox2fff]
# define uchar  unsigned char
void dac2b(data1, data2)
uchar data1, data2;
{
   INPUTR1=data1;
```

```
    INPUTR2=data2;
    DACR=0;                          /*启动两路 D/A 转换*/
}
```

### 5.3.4  控制量输出接口

在机电一体化产品中,被控对象所需要的驱动功率一般都比较大,而计算机发出的数字控制信号或经 D/A 转换后得到的模拟控制信号的功率都很小,因而必须经过功率放大后才能用来驱动被控对象。实现功率放大的接口电路称为功率接口电路。

1. 光电耦合器

在控制微机和功率放大电路之间,常常使用光电耦合器。光电耦合器由发光二极管和光敏晶体管组成,当在发光二极管二端加正向电压时,发光二极管点亮,照射光敏晶体管使之导通,产生输出信号。

光电耦合器的信号传递采取电—光—电形式,发光部分和受光部分不接触,因此,其绝缘电阻可高达 $1\,010\Omega$ 以上,并能承受 $2\,000V$ 以上的高压,如图 5.21(a)所示。被耦合的两个部分可以自成系统,能够实现强电部分和弱电部分隔离,避免干扰由输出通道窜入控制微机。光电耦合器的发光二极管是电流驱动器件,能够吸收尖峰干扰信号,所以具有很强的抑制干扰能力。

光电耦合器作为开关应用时,具有耐用、可靠性高、高速等优点,响应时间一般为数微秒以内,高速型光电耦合器的响应时间有的甚至小于 10ns。图 5.21(b)所示为光电耦合器的接口电路,图中的 $VT_1$ 是大功率晶体管,W 是步进电动机、接触器等的线圈,$VD_2$ 是续流二

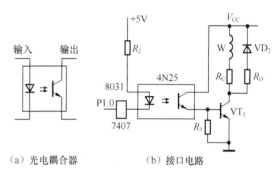

（a）光电耦合器　　　（b）接口电路

图 5.21　光电耦合器及接口电路

极管。若无二极管 $VD_2$,当 $VT_1$ 由导通到截止时,由换路定则可知,电感 W 的电流不能突然变为 0,它将强迫通过晶体管 $VT_1$。由于 $VT_1$ 处于截止状态,在 $VT_1$ 两端产生非常大的电压,有可能击穿晶体管。若有续流管 $VD_2$,则为 W 的电流提供了通路,电流不会强迫流过晶体管,从而保护了晶体管。

在接口电路设计中,应考虑光电耦合器的两个参数:电流传输比与时间延迟。电流传输比是指光电晶体管的集电极电流 $I_C$ 与发光二极管的电流 $I_i$ 之比。不同结构的光电耦合器的电流传输比相差很大,如输出端是单个晶体管的光电耦合器 4N25 的电流传输比 $\geq 20\%$,而输出端使用达林顿管的光电耦合器 4N33 的电流传输比 $\geq 500\%$,电流传输比受发光二极管的工作电流 $I_i$ 影响,当 $I_i$ 为 $10\sim20mA$ 时,电流传输比最大。时间延迟是指光电耦合器在传输脉冲信号时,输出信号与输入信号的延迟时间。在图 5.21(b)中,当 DAC8031 的 P1.0 为低电平时,设发光二极管中的电流为 10mA,由于 4N25 的电流传输比 $\geq 20\%$,所以光敏晶体管中的电流 $I_c \geq 2mA$,大功率晶体管把这个电流放大就可以带动步进电动机等负载。

2. 晶闸管

晶闸管又称可控硅,是目前应用最广的半导体功率开关元件,其控制电流可从几安到数千安。晶闸管的主要类型有单向晶闸管,双向晶闸管和可关断晶闸管 3 种基本类型,此外还有光控晶闸

管、温控晶闸管等特殊类型。

（1）单向晶闸管（SCR）。SCR 的符号和原理如图 5.22 所示。SCR 有 3 个极，分别为阳极 A、阴极 K 和控制极 G（又称门极）。从物理结构看，它是一个 PNPN 器件，其工作原理可以用一个 PNP 晶体管和一个 NPN 晶体管的组合来加以说明。SCR 有截止和导通两个稳定状态，两种状态的转换可以由导通条件和关断条件来说明。

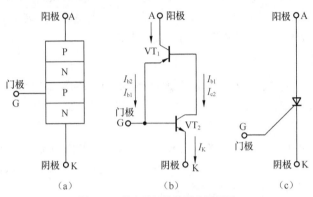

图 5.22  单向晶闸管符号和原理图

导通条件是指晶闸管从阻断到导通所需的条件，这个条件是在晶闸管的阳极加上正向电压，同时在控制极加上正向电压。关断条件是指晶闸管从导通到阻断所需要的条件。晶闸管一旦导通，控制极对晶闸管就不起控制作用了。只有当流过晶闸管的电流小于保持晶闸管导通所需要的电流即维持电流时，晶闸管才关断。

（2）双向晶闸管（TRIAC）。TRIAC 具有公共门极的一对反并联普通晶闸管，其结构和符号如图 5.23 所示。图中 N2 区和 P2 区的表面被整片金属膜连通，构成双向晶闸管的一个主电极，此电极的引出端子称为主端子，用 A2 表示；N3 区和 P2 区的一小部分被另一金属膜连通，构成一对反并联主晶闸管的公共门极端，用 G 表示；P1 区和 N4 区被金属膜连通，构成双向晶闸管的另一个主电极，叫做主端子 A1。这样，P1-NI-P2-N2 和 P2-N1-P1-N4 就分别构成了双向晶闸管中一对反并联的晶闸管的主体。

双向晶闸管是双向导通的，它从一个方向过零进入反向阻断状态只是一个十分短暂的过程，当负载是感性负载时（如电枢），由于电流滞后于电压，有可能使电压过零时电流仍存在，从而导致双向晶闸管失控（不关断）。为使双向晶闸管正常工作，应在其两主电极 A1 与 A2 间加 RC 电路。

（3）门极可关断晶闸管（GTO）。GTO 的内部结构及表示符号如图 5.24 所示。与 SCR 相比，

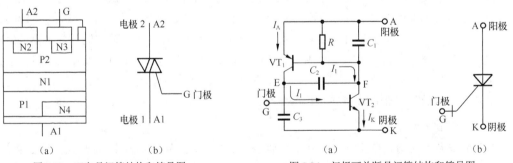

图 5.23  双向晶闸管结构和符号图          图 5.24  门极可关断晶闸管结构和符号图

GTO 有更灵活方便的控制性能，即当门极加上正控制信号时 GTO 导通，门极加上负控制信号时 GTO 截止。GTO 是一种介于普通晶闸管和大功率晶体管之间的电力电子器件，它既像 SCR 那样耐高压、通过电流大、价格便宜，又像 GTR 那样具有自关断能力、工作频率高、控制功率小、线路简单、使用方便。GTO 是一种比较理想的开关器件，有广泛的应用前景。

（4）光控晶闸管。光控晶闸管是把光电耦合器件与双向晶闸管结合到一起形成的集成电路，其典型产品有 MOC3041、MOC3021 等。光控晶闸管的输入电流一般为 10～100mA，输入端反向电压一般为 6V；输出电流一般为 1A，输出端耐压一般为 400～600V。光控晶闸管是特种晶闸管，大多用于驱动大功率的双向晶闸管。

（5）温控晶闸管。温控晶闸管是一种小功率晶闸管，其输出电流一般为 100mA 左右。温控晶闸管的开关特性与普通晶闸管相同，性能优于热敏电阻、PN 结温度传感器。温控晶闸管的温度特性是负特性，也就是说当温度升高时，正向温控晶闸管的门槛电压会降低。用温控晶闸管可实现温度的开关控制，在温控晶闸管的门极和阳极或阴极之间加上适当器件，如电位器、光敏管、热敏电阻等，可以改变晶闸管导通温度值。温控晶闸管也是特种晶闸管，一般用于 50V 以下的低压场合。

### 3. 功率晶体管（GTR）

GTR 是指在大功率范围应用的晶体管，有时也称为电力晶体管。GTR 是 20 世纪 70 年代后期的产品，它把传统双极晶体管的应用范围由弱电扩展到强电领域，在中小功率领域有取代功率晶闸管的趋势。与晶闸管相比，GTR 不仅可以工作在开关状态，也可以工作在模拟状态；GTR 的开关速度远大于晶闸管，并且控制比晶闸管容易，其缺点是价格高于晶闸管。

GTR 的结构如图 5.25（a）所示。功率晶体管不是一般意义上的晶体管，从本质上讲，它是一个多管复合结构，有较大的电流放大倍数，其功率可高达几千瓦。其中的 $VT_1$ 和 $VT_2$ 组成达林顿管，二极管 $VD_1$ 是加速二极管，在输入端 b 的控制信号从高电平变成低电平的瞬间，二极管 $VD_1$ 导通，可以使 $VT_1$ 的一部分射极电流经过 $VD_1$ 流到输入端 b，从而加速了功率晶体管的关断。$VD_2$ 是续流二极管，对晶体管 $VT_2$ 起保护作用，特别对于感性负载，当 GTR 关断时，感性负载所存储的能量可以通过 $VD_2$ 的续流作用而泄放，从而避免对 GTR 的反向击穿。

在机电一体化产品中，它基本上被用来做高速开关器件，图 5.25（b）所示为用功率晶体管做功放元件的步进电动机一相绕组的驱动电路。在实际应用中应注意，当功率晶体管工作在开关状态时，其基极输入电流应选得大一些，否则，晶体管会增加自身压降来限制其负载电流，从而有可能使功率晶体管超过允许功率而损坏。这是因为晶体管在截止或高导通状态时，功率都很小，但在开关过程中，晶体管可能出现高电压、大电流，瞬态功耗会超过静态功耗几十倍。如果驱动电流太小，会使晶体管陷入危险区。

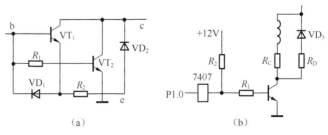

图 5.25　功率晶体管的结构及应用

#### 4. 功率场效应晶体管（MOSFET）

功率场效应晶体管又称功率 MOSFET，它的结构和传统 MOSFET 不同，主要是把传统 MOSFET 的电流横向流动变为垂直导电的结构模式，目的是解决 MOSFET 器件的大电流、高电压问题，如图 5.26 所示。其中 G 为栅极，即控制极，S 为源极，D 为漏极。在漏极 D 和源极 S 间的反向二极管是在管子制造过程中形成的，它具有比双极性功率晶体管更好的特性，主要表现在以下几个方面。

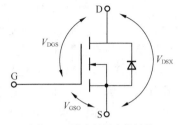

图 5.26　功率场效应管符号

（1）由于功率 MOSFET 是多数载流子导电，因而不存在少数载流子的储存效应，从而有较高的开关速度。

（2）具有较宽的安全工作区而不会产生热点，同时，由于它具有正的电阻温度系数，所以容易进行并联使用。

（3）有较高的阈值电压（2～6V），因此有较高的噪声容限和抗干扰能力。

（4）具有较高的可靠性和较强的过载能力，短时过载能力通常为额定值的 4 倍。

（5）由于它是电压控制器件，具有很高的输入阻抗，因此驱动电流小，接口简单。

图 5.27 所示为功率场效应管的两种驱动电路，图中 $R_L$ 为负载电阻。由于功率场效应管绝大多数是电压控制而非电流控制，吸收电流很小，因此 TTL 集成电路就可驱动大功率的场效应晶体管。又由于 TTL 集成电路的高电平输出为 3.5～5V，直接驱动功率场效应管偏低一些，所以在驱动电路中常采用集电极开路的 TTL 集成电路。在图 5.27（a）所示的电路中，74LS07 输出高电平取决于上拉电阻 $R_g$ 的上拉电平，为保证有足够高的电平驱动功率场效应管导通，也为了保证它能迅速截止，在实际应用中常把上拉电阻接到+10～+15V 电源。

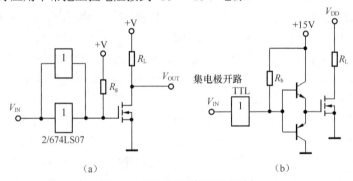

图 5.27　功率场效应管的驱动电路

功率场效应管的栅极 G 相对于源极 S 而言存在一个电容，即功率场效应管的输入电容，这个电容对控制信号的变化起充放电作用，即平滑作用。控制电流越大，充放电越快，功率场效应管的速度越快。故有时为了保证功率场效应管有更快的开关速度，常采用晶体管对控制电流进行放大，如图 5.27（b）所示。另外，在实际使用中，为了避免干扰从执行元件处进入控制微机，常采用脉冲变压器、光电耦合器等对控制信号进行隔离。

#### 5. C 绝缘栅双极晶体管（IGBT）

IGBT 是 20 世纪 80 年代出现的新型复合器件，它将 MOSFET 和 GTR 的优点集于一身，既具有输入阻抗高、速度快、热稳定性好和驱动电路简单的特点，又具有通态电压低、耐压高、承受电流大等优点。

### 6. 固态继电器（SSR）

SSR 是一种无触点功率型通断电子开关，又名固态开关。控制端有触发信号时，主回路呈导通状态，无控制信号时主回路呈阻断状态。控制回路与主回路间采取了电隔离及信号隔离技术。

固态继电器与电磁继电器相比，具有工作可靠、使用寿命长、能与逻辑电路兼容、抗干扰能力强、开关速度快、使用方便等优点。

图 5.28 所示为 8 031 单片机通过固态继电器控制交流接触器的控制线路。当 P1.0 输出高电平时，固态继电器导通，交流接触器 K 闭合，主电路导通，P1.0 为低电平，则主电路关断。

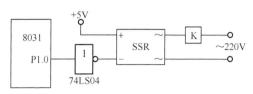

图 5.28　固态继电器的接口电路

在彩色 CRT 显示器特别是在低档的显示设备中，常常采用称为 RAMDAC 或者带彩色模板的视频 DAC 输出色彩数据。它将 VRAM 中的数字信号转换成模拟信号后输出给显示器，其内部含有一个称为彩色模板的色彩表，参照这个表就可以确定 VRAM 中要显示内容的颜色。通过更改彩色模板中的定义，可以令 VRAM 中色彩数据与要显示颜色的对应关系发生变化。利用这种功能，可以使用较少的 RAM 显示较多种颜色。例如：利用 16 色的视频 DAC 可以显示 4 096 色。但是，应该注意的是采用这种方式能同时显示的颜色数是固定不变的。此外，在采用 LCD 进行显示时，为了使 CPU 输出的数字信号能够直接输出给 LCD，一般不再需要进行 D/A 转换，因此，通常的 LCDC 内部都具有相当于彩色模板的功能。

## 小　结

本章主要介绍接口技术，包括人—机接口和机电接口。

（1）接口的定义：接口就是各子系统之间以及子系统内各模块之间相互连接的硬件及相关协议软件。

（2）接口的分类：接口分为人—机接口和机电接口两大类。

人—机接口 { 输入接口：开关输入、拨盘输入、键盘输入；输出接口：静态动态 LED 的显示、可编程的输入/LED 显示

机电接口 { 信息采集接口：A/D 转换器、编码器；控制输出接口：D/A 转换器、ADPCM

## 思 考 与 练 习

### 1. 判断题

（1）采样/保持器在保持阶段相当于一个"模拟信号存储器"。　　　　（　）

（2）将传感器测量的被测对象信号输入到单片机数据总线的通道为后向通道。后向通道在单片机一侧有 3 种类型：数据总线、并行 I/O 口和定时/计数器口。　　　　　　（　　）

（3）干扰信号有周期性干扰和随机性干扰两类，随机性干扰信号可以采用积分时间为 20ms 整数倍的双积分型 A/D 转换器，可有效地消除其影响。　　　　　　　　　　（　　）

（4）光电隔离电路主要由光电耦合器的光电转换器组成，入端为光敏三极管，出端为发光二极管。　　　　　　　　　　　　　　　　　　　　　　　　　　　　　　（　　）

（5）简单地说，接口就是各子系统之间以及子系统内各模块之间相互连接的硬件及相关协议软件。　　　　　　　　　　　　　　　　　　　　　　　　　　　　　　　　（　　）

（6）人—机接口是操作者与机电系统之间进行信息交换的接口。　　　　　　（　　）

（7）拨盘是机电一体化系统中常用的一种输入设备。　　　　　　　　　　　（　　）

（8）机电接口是指机电一体化产品中的机械装置与控制微机间的接口。　　　（　　）

（9）在控制微机和功率放大电路之间，常常使用光电耦合器。　　　　　　　（　　）

（10）将模拟信号转换成计算机能处理的数字信号的器件称为 A/D 转换器。　　（　　）

### 2. 选择题

（1）每进行一次新的采样，把采样数据放入队尾，扔掉原来队首的一个数据。这样，在队列中始终有 $n$ 个最新的数据。对这 $n$ 个最新数据求取平均值，作为此次采样的有效值，这种方法叫做（　　）。

  A．中值滤波　　　　B．算术平均滤波　　　C．滑动平均滤波　　　D．低通滤波

（2）为测得在同一瞬时各传感器输出的模拟信号，须采取（　　）。

  A．采样/保持器模块各传感器独立，A/D 转换器共用

  B．A/D 转换器各传感器独立，采样/保持模块器共用

  C．采样/保持器模块与 A/D 转换器全独立

  D．采样/保持器模块与 A/D 转换器全共用

（3）机电一体化产品或系统由（　　）等部分组成，各子系统又分别由若干要素构成。

  A．机械本体、检测传感系统、电子控制单元、执行器和动力源

  B．电子控制单元、执行器和动力源

  C．机械本体、检测传感系统

  D．电子控制单元

（4）根据接口的变换和调整功能，可将接口分为（　　）。

  A．零接口、被动接口、主动接口和智能接口

  B．主动接口和智能接口

  C．零接口、主动接口和智能接口

  D．被动接口、主动接口和智能接口

（5）人—机接口实现人与机电一体化系统的（　　），保证对机电一体化系统的实时监测、有效控制。

  A．信息交流、信息反馈　　　　　　　　B．信息反馈

  C．信息交流　　　　　　　　　　　　　D．交流、反馈

（6）由于机械与电子系统工作形式、速率等存在极大的差异，（　　）还起着调整、匹配、缓冲的作用。

    A．机电接口      B．接口          C．信息接口      D．机电

（7）按照信息的传递（　　），可以分为输入接口与输出接口两大类。

    A．方向          B．路经          C．方法          D．形式

（8）在机电一体化产品的人—机接口中，当需要操作者输入的指令或参数比较多时，可以选择（　　）作为输入接口

    A．键盘          B．开关          C．电脑          D．显示器

（9）目前常用的（　　）有发光管的 LED 和液晶的 LCD 两种，显示方式可以是静态显示或动态显示。

    A．数码显示器      B．显示器          C．数码管          D．电脑

（10）按照（　　）的传递方向，机电接口分为信息采集接口和控制量输出接口。

    A．信息          B．信号          C．电流          D．电压

（11）只有在（　　）命令接口进行数据输入时，才将来自外设的数据传送到数据总线。

    A．CPU          B．键盘          C．开关          D．电脑

（12）计算机（　　）的控制信号主要有 3 种形态：数字量、开关量和频率量。

    A．输出          B．输入          C．输出、输入      D．CPU

（13）（　　）由发光二极管和光敏晶体管组成，当在发光二极管二端加正向电压时，发光二极管点亮，照射光敏晶体管使之导通，产生输出信号。

    A．光电耦合器      B．耦合器          C．光电开关      D．CPU

（14）在（　　）电路设计中，应考虑光电耦合器的两个参数：电流传输比与时间延迟。

    A．接口          B．机械本体      C．控制器          D．光电开关

（15）（　　）的主要类型有单向晶闸管，双向晶闸管和可关断晶闸管 3 种基本类型。

    A．晶闸管          B．晶体管          C．控制器          D．光电开关

（16）晶闸管的导通条件是指晶闸管从阻断到导通所需的条件，这个条件是在晶闸管的阳极加上正向电压，同时在控制极加上（　　）。

    A．正向电压      B．反向电压      C．负极电压      D．正极电压

（17）（　　）是把光电耦合器件与双向晶闸管结合到一起形成的集成电路，其典型产品有 MOC3041、MOC3021 等。

    A．光控晶闸管     B．双向晶闸管     C．单向晶闸管     D．温控晶闸管

### 3. 填空题

（1）机电一体化系统中的接口按信息流来分，可分为_____和_____。

（2）目前世界各国均采用直流信号作为统一信号，并将直流电压_____和直流电流_____作为统一的标准信号。

（3）传感器与前级信号的放大与隔离装置有运算放大器、_____、_____、_____。

（4）_____通过信息采集接口接收传感器输出的信号，检测机械系统运行参数，经过运算处理后，发出有关控制信号，经过控制输出接口的匹配、转换、功率放大，驱动执行元件，以调节机械系统的运行状态，使其按要求_____。

（5）在单片机应用系统中，通常需要电压信号，_____信号和_____信号之间的转换可

由运算放大器实现。

（6）光电耦合器的_____是电流驱动器件，能够吸收尖峰干扰信号，所以具有很强的抑制干扰能力。

（7）_____是指光电晶体管的集电极电流 $I_C$ 与发光二极管的电流 $I_f$ 之比。

（8）晶闸管一旦导通，_____对晶闸管就不起控制作用了。

（9）只有当流过晶闸管的电流小于保持晶闸管导通所需的电流即维持电流时，晶闸管才_____。

### 4. 问答题

（1）按接口所联系的子系统不同，以信息处理系统（微电子系统）为出发点，可将接口分类哪几类？各自特点是什么？

（2）信号在传输过程中为什么要进行变换？并说明常用的变换方法。

（3）接口在机电一体化系统中起到什么样的作用？

（4）输入接口可以有哪些方法？各自适用什么场合？

（5）ADC0809的结构及工作原理是什么？

（6）控制量输出接口的作用是什么？有哪几种具体形式？各自适用什么情况？

工厂流水线的智能化管理、电梯智能化控制、各种报警系统、与计算机联网构成二级控制系统等。

（3）在家用电器中的应用。可以这样说，现在的家用电器基本上都采用了单片机控制，从电饭煲、洗衣机、电冰箱、空调机、彩电、其他音响视频器材，再到电子秤量设备，五花八门，无所不在。

（4）在计算机网络和通信领域中的应用。现代的单片机普遍具备通信接口，可以很方便地与计算机进行数据通信，为在计算机网络和通信设备间的应用提供了极好的物质条件，现在的通信设备基本上都实现了单片机智能控制，从手机，电话机、小型程控交换机、楼宇自动通信呼叫系统、列车无线通信，再到日常工作中随处可见的移动电话、集群移动通信、无线电对讲机等。

（5）单片机在医用设备领域中的应用。单片机在医用设备中的用途亦相当广泛，例如医用呼吸机、各种分析仪、监护仪、超声诊断设备、病床呼叫系统等。

（6）在各种大型电器中的模块化应用。某些专用单片机设计用于实现特定功能，从而在各种电路中进行模块化应用，而不要求使用人员了解其内部结构。如音乐集成单片机，看似简单的功能，微缩在纯电子芯片中（有别于磁带机的原理），就需要复杂的类似于计算机的原理。例如，音乐信号以数字的形式存于存储器中（类似于 ROM），由微控制器读出，转化为模拟音乐电信号（类似于声卡）。

在大型电路中，这种模块化应用极大地缩小了体积，简化了电路，降低了损坏、错误率，也方便于更换。

（7）单片机在汽车设备领域中的应用。单片机在汽车电子中的应用非常广泛，例如，汽车中的发动机控制器、基于 CAN 总线的汽车发动机智能电子控制器、GPS 导航系统、ABS 防抱死系统、制动系统等。

### 4. 单片机控制系统实例

（1）实时测控系统。图 6.3 所示为用单片机组成的实时测控系统原理图。用 MCS-51 单片机，特别是 8031 单片机构成测控系统，硬件设计简单灵活、系统成本低，在机电一体化设备中得到广泛的应用。

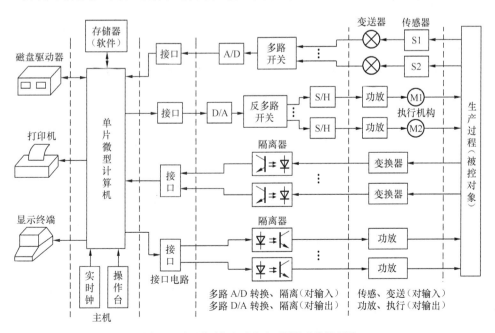

图 6.3　是用单片机组成的实时测控系统原理图

（2）智能玩具——机器狗。机器狗可以在人的语音指令下完成"前进"、"后退"、"变速"、"演奏"等动作，和人有良好的互动性，实现了玩具的智能化。机器狗的硬件组成框图如图 6.4 所示，它主要由电池盒、61B 板、传感器组（温度采集模块和障碍物检测模块）、输入/输出装置（键盘、指示灯等）部分组成。

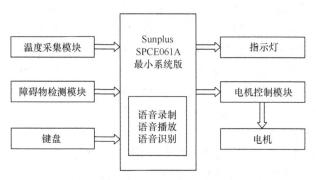

图 6.4　机器狗的硬件组成

通过一个开关控制玩具狗的启动、停止，首次下载程序后或按下重录键可以进行语音命令训练。训练内容有：前进、后退、变速、演奏。

① 用户发出"变速"的命令时，小狗可以做出相关响应，将电机的转速改变。

② 用户发出"前进"或"后退"的命令时，小狗会做出前进或后退的动作。同时相应发光二极管会点亮。

③ 在前进过程中如果遇到障碍物，小狗会发出"汪——汪汪"的狗叫声，并停止运动。

④ 用户发出"演奏"命令时，小狗会进行大合唱。

### 6.1.3　可编程序控制器

可编程序控制器（Programmable Logic Contrller，PLC）是 20 世纪 70 年代以来，在集成电路、计算机技术基础上发展起来的一种新型工业控制设备。由于它具有功能强、可靠性高、配置灵活、使用方便以及体积小、重量轻等优点，国外已广泛应用于自动化控制的各个领域，并已成为实现工业生产自动化的支柱产品。PLC 种类很多，其结构和工作原理是一样的，不同的是编程语言。

1. 常用 PLC 的种类

自 1968 年美国莫迪康（Modicon）公司发明 PLC 产品以来，先后涌现了近千个品牌，历经 30 多年的发展，目前就高端产品而言，在整个 PLC 业界有以下几家公司的产品代表了最高的技术水平。

（1）美国 Rockwell 公司。相对于 Control Logix，美国 Rockwell 公司的 PLC5 在机械和电气性能上远优于前者，在网络与通信方面，Control Logix 支持的网络 PLC5 均支持。

（2）美日合资 GE Fanuc 公司。GE Fanuc 公司的最高端产品应是 GE Fanuc 9070 系列。相对于 GE Fanuc 9030 系列，9070 在机械和电气性能上远优于前者，在一些真正考核大型机标准的特性上，如双机热备上 9070 的性能要远优于 9030。

（3）德国 Siemens 公司。从发展角度来说，S7-400 系列已取代 S5 系列，从模板种类、网络种类和专用模板数量来说，S7-400 均接近 S5 系列。然而从模板的可靠性角度分析，S5 的质量要远胜于 S7-400，Siemens 本公司工程部在国外重大工程仍主推 S5 系列。

（4）法国施耐德公司。该公司的 Modicon TSX Quantum 系列为其最高端产品，可达到目前业界的最高水平。

（5）国产 PLC。亚锐电子（南京）有限公司是一家专业制造和研发自动化产品的高新科技企业，在全世界销售和推广微型可编程序控制器和开关电源，以及文本显示器。主要产品：AF 系列可编程序控制器、SR 系列可编程序控制器、SH 文本显示器以及新推出的多功能计时计数器。深圳市亿维自动化技术有限公司是工业自动化及过程自动化领域领先的技术与服务提供者，开发了 UniMAT 系列 PLC 产品，具有全套产品自主知识产权，提供汽车、电子、冶金、电厂等自动化控制系统解决方案，设备制造行业涉及回流焊、超声波、纺织机械、工程机械、制药机械、橡塑机械等众多领域。广州市麦氏科技发展有限公司是一家专业研制、开发、生产运动控制自动化设备控制系统的高新技术企业。目前已完成开发或开发中的产品包括：运动控制专用 IC、运动控制卡、运动控制器、运动控制 PLC、步进电动机驱动器、交直流伺服电动机驱动器、文本显示器、触摸屏、高速计数器等。以上产品已有数百个应用实例，接近 20 个行业的实际应用。上海正航电子科技有限公司面向市场推出了三个系列的产品，分别是引进德国技术生产的新产品 CHION-驰恩系列 PLC、拥有自主知识产权的 A 系列 PLC 和作为 PLC 产品有益补充的 H 系列人机界面。

## 2. PLC 的组成结构

现在市场上的 PLC 都采用了微型机的 CPU，使得 PLC 不仅能进行简单的逻辑控制，还能完成模拟量控制、数值控制、过程监控、通信联网等功能。PLC 在机电一体化系统中得到广泛的应用，图 6.5 所示为 PLC 的硬件结构图。

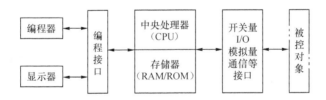

图 6.5　PLC 的硬件结构图

PLC 通过输入/输出接口（开关量 I/O、模拟量 I/O、脉冲量输入口以及串行口、并行口等）与被控对象连接。PLC 采用面向控制过程、面向问题的"自然语言"作为编程语言，这种语言简单、易学、易记，梯形图、语句表、控制系统流程图等是 PLC 常用的编程语言，有些 PLC还尝试使用高级语言编程。用户在使用 PLC 进行顺序控制时，首先应根据控制动作的顺序，画出梯形图，然后将其翻译成相应的 PLC 指令，用编程器将程序写入 PLC 的内存（RAM）中，对程序进行调试，发现错误可用编程器进行修改，直到程序调试正确无误为止。最后将程序抄写到 PLC 的只读存储器（EEPROM）中。PLC 投入运行后，便进入程序执行过程。在一个扫描周期内，程序执行过程分 3 个阶段：输入采样、程序执行和输出刷新如图 6.6 所示。

图 6.6　扫描周期

在输入采样阶段，PLC 以扫描方式将所有输入端的输入信号状态读入到输入映像寄存器中寄存起来，接着转入执行程序阶段。在程序执行阶段，PLC 按照顺序进行扫描。如果程序是用梯形图表示，则扫描顺序总是先上后下，先左后右。每扫描到一条指令，所需要的状态分别由输入映像寄存器中读出，而将执行结果写入元素映像寄存器中。当程序执行完成后，进入最后一个阶段——输出刷新。将元素映像寄存器中所有输出继电器的状态转存到输出锁存电路，驱动用户设备（或负载）工作。PLC只读存储器中的程序随时可以擦除和修改。如果改变程序和外部端口接线，又可以重新组成一个新的控制系统。

3. PLC的主要特点

（1）高可靠性。

① 所有的I/O接口电路均采用光电隔离，使工业现场的外电路与PLC内部电路之间电气上隔离。

② 各输入端均采用RC滤波器，其滤波时间常数一般为10～20ms。

③ 各模块均采用屏蔽措施，以防止辐射干扰。

④ 采用性能优良的开关电源。

⑤ 对采用的器件进行严格的筛选。

⑥ 良好的自诊断功能，一旦电源或其他软、硬件发生异常情况，CPU立即采用有效措施，以防止故障扩大。

⑦ 大型PLC还可以采用由双CPU构成冗余系统或有三CPU构成表决系统，使可靠性更进一步提高。

（2）丰富的I/O接口模块。PLC针对不同的工业现场信号（如交流或直流，开关量或模拟量，电压或电流，脉冲或电位，强电或弱电等）有相应的I/O模块与工业现场的器件或设备（如按钮、行程开关、接近开关、传感器及变送器、电磁线圈、控制阀等）直接连接。

另外，为了提高操作性能，它还有多种人—机对话的接口模块。为了组成工业局部网络，它还有多种通信联网的接口模块等。

（3）采用模块化结构。为了适应各种工业控制需要，除了单元式的小型PLC以外，绝大多数PLC均采用模块化结构。PLC的各个部件，包括CPU、电源、I/O等均采用模块化设计，由机架及电缆将各模块连接起来，系统的规模和功能可根据用户的需要自行组合。

（4）编程简单易学。PLC的编程大多采用类似于继电器控制线路的梯形图形式，对使用者来说，不需要具备计算机的专门知识，因此，很容易被一般工程技术人员所理解和掌握。

（5）安装简单，维修方便。PLC不需要专门的机房，可以在各种工业环境下直接运行。使用时只需将现场的各种设备与PLC相应的I/O端相连接，即可投入运行。各种模块上均有运行和故障指示装置，便于用户了解运行情况和查找故障。

4. PLC的应用

PLC在国内外已广泛应用于钢铁、石油、化工、电力、建材、机械制造、汽车、轻纺、交通运输、环保、水处理及文化娱乐等各个行业，使用情况大致可归纳为如下几类。

（1）开关量的逻辑控制。这是PLC最基本、最广泛的应用领域，它取代传统的继电器电路，实现逻辑控制、顺序控制，既可用于单台设备的控制，也可用于多机群控及自动化流水线。

（2）模拟量控制。在工业生产过程当中，有许多连续变化的量，如温度、压力、流量、液位和速度等都是模拟量。为了使可编程控制器处理模拟量，必须实现模拟量（Analog）和数字量（Digital）之间的A/D转换及D/A转换。PLC厂家都生产配套的A/D和D/A转换模块，使可编程序控制器用于模拟量控制。

（3）运动控制。PLC 可以用于圆周运动或直线运动的控制。从控制机构配置来说，早期直接用于开关量 I/O 模块连接位置传感器和执行机构，现在一般使用专用的运动控制模块。如可驱动步进电机或伺服电机的单轴或多轴位置控制模块。世界上各主要 PLC 厂家的产品几乎都有运动控制功能，广泛用于各种机械、机床、机器人、电梯等场合。

（4）过程控制。过程控制是指对温度、压力、流量等模拟量的闭环控制。作为工业控制计算机，PLC 能编制各种各样的控制算法程序，完成闭环控制。PID 调节是一般闭环控制系统中用得较多的调节方法。大中型 PLC 都有 PID 模块，目前许多小型 PLC 也具有此功能模块。PID 处理一般是运行专用的 PID 子程序。过程控制在冶金、化工、热处理、锅炉控制等场合有非常广泛的应用。

（5）数据处理。现代 PLC 具有数学运算（含矩阵运算、函数运算、逻辑运算）、数据传送、数据转换、排序、查表、位操作等功能，可以完成数据的采集、分析及处理。这些数据可以与存储在存储器中的参考值比较，完成一定的控制操作，也可以利用通信功能传送到别的智能装置，或将它们打印制表。数据处理一般用于大型控制系统，如无人控制的柔性制造系统；也可用于过程控制系统，如造纸、冶金、食品工业中的一些大型控制系统。

（6）通信及联网。PLC 通信含 PLC 间的通信及 PLC 与其他智能设备间的通信。随着计算机控制的发展，工厂自动化网络发展得很快，各 PLC 厂商都十分重视 PLC 的通信功能，纷纷推出各自的网络系统。新近生产的 PLC 都具有通信接口，通信非常方便。

简言之，PLC 主要是用来实现工业现场自动化程序控制，但是现在因为其软硬件的发展功能越来越强大，成本也越来越低，其应用不仅限于工业，另外，近年来国家大力推动产业转型，那么工业自动化越来越成为主流，那么作为实现工业自动化的中坚力量 PLC 控制，PLC 前进不错。

### 工业控制计算机与 PLC 主要有以下区别

PLC 来源以继电器为特征的电气逻辑控制，工控机来源于计算机。早期 PLC 只能用于进行逻辑运算，现在功能越来越强大了，但总体来说，还是适合于进行以顺序控制为主的自动化工程中，如流程工业。工控机作为控制设备，主用于以过程控制为主的自动化工程，如化工工业。工控机作为上位机人界面，认为只相当一台 PC，与控制功能没什么关系。

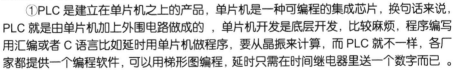

单片机和 PLC 都是计算机，有 CPU、存储器等计算机具有的必要元件，它们之间主要有以下几方面的区别。

①PLC 是建立在单片机之上的产品，单片机是一种可编程的集成芯片，换句话来说，PLC 就是由单片机加上外围电路做成的，单片机开发是底层开发，比较麻烦，程序编写用汇编或者 C 语言比如延时用单片机做程序，要从晶振来计算，而 PLC 就不一样，各厂家都提供一个编程软件，可以用梯形图编程，延时只需在时间继电器里送一个数字而已。

②单片机可以构成各种各样的应用系统，从微型、小型到中型、大型都可以，PLC 是单片机应用系统的一个特例，单片机可以开发各种智能仪表，比如温控仪，电视遥控器，豆浆机控制器，微波炉，智能玩具。

③不同厂家的 PLC 有相同的工作原理，类似的功能和指标，有一定的互换性、通用性、可靠性，PLC 是专业为工业开发的一种计算机。

④单片机开发成本低，一个单片机从十几块到几十块，上百不等，但开发起来比较麻烦。PLC 的价格则为几百，几千，几万，但是开发周期短、见效快、可靠性高。

**5．PLC 控制系统实例**

（1）恒压供水系统控制。某工厂自动恒压供水系统可根据生产车间瞬时变化的用水量，以及与其对就应的压力两种参数，通过 PLC 和变频器自动调节水泵的转速及台数，来改变水泵出口的压力和流量，使车间的用水压力保持恒定值。

① 供水系统结构。供水系统如图 6.7 所示。$P_1$、$P_2$ 为加压泵，用于向车间加压供水，$F_1$、$F_2$ 为手动阀门，$F_3$、F4 为止回阀。正常供水时，$F_1$、$F_2$ 为开启状态，只有在检修时才关闭。蓄水池内设有液位控制，当蓄水池内水位过低，它会向 PLC 发送信号使系统停机，以防水泵抽空。该系统设有选择开关，可选择系统在自动和手动状态下工作。当选择手动状态时，可分别通过按钮控制两台泵单独在工频下运行与停止，这主要用于定期检修临时供水。当选择自动状态时，可实现恒压变量供水。

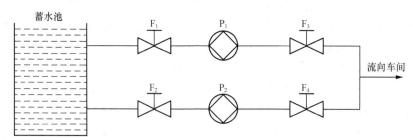

图 6.7　系统供水示意图

② 系统工作过程。PLC 利用变频器软启动一台加压泵，此时安装在管网上的传感器将实测的管网压力反馈给变频器，与预先变频器设定的给定压力值进行比较，通过变频器内部 PID 运算，调节变频器输出频率，如图 6.8 所示。开始时假设系统用水量不大，只有 $P_1$ 泵在变频运行，$P_2$ 泵停止，系统处于状态 I；当用水量增加，变频器频率随之增加，$P_1$ 泵电动机转速增加，当频率增加到 50Hz 最高转速运行时，意味着只有一台水泵工作满足不了用户的用水需求，这时变频器就控制 $P_1$ 泵电动机从变频电源切换到工频电源，而变频器启动 $P_2$ 泵电动机，系统处于状态 II；在这之后若用水量减少，则变频器频率下降，若降到设到的下限频率时，即表明一台水泵即可满足用户需求，此时在变频器的控制下，$P_1$ 泵电动机停机，$P_2$ 泵电动机变频运行，系统处于状态 III；当用水量又增加，变频器频率达到 50Hz 时，$P_2$ 泵电动机从变频电源切换到工频电源，而变频器启动 $P_1$ 泵电动机变频工作，系统过渡状态 IV；系统处于状态 IV 时，若用水量又减少，变频器频率下降到设定下限频率，系统又从状态 IV 过渡到状态 I，如此循环往复。工作过程可用图 6.9 所示来描述。

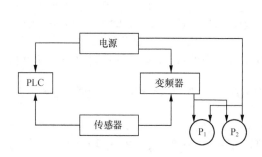

图 6.8　两台水泵供水时顺序运行过程

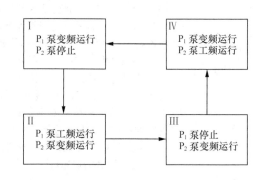

图 6.9　控制原理框图

（2）电梯控制系统。现有一电梯控制系统电路如图 6.10 所示，在用 PLC 控制变频调速实现电流、速度双闭环控制的基础上，在不增加硬件设备的条件下，实现电流、速度和位移三环控制。

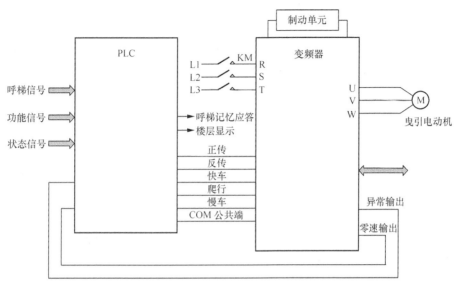

图 6.10　电梯控制系统电路原理图

电梯的一次完整的运行过程，就是曳引电动机从启动、匀速运行到减速停车的过程。当正转（反转）时，电动机从 0～50Hz 开始起动，启动时间在 3s 左右，然后维持 50Hz 的速度一直运行，完成起动及运行段的工作。当换速信号到来后，PLC 撤销高速信号，同时输出爬行信号。此时爬行的输出频率为 6Hz（或 4Hz）。从 50Hz 到 6Hz 的减速过程在 3s 内完成，当达到 6Hz 后，就以此速度爬行。当平层信号到来时，PLC 撤掉正转（反转）信号及爬行信号，此时电动机输出频率从 6Hz 降到 0。之后零速输出点断开，通过 PLC 抱闸及自动开门。

变频器控制的电梯系统中，变频器只完成调速功能，而逻辑控制部分是由 PLC 来完成的。PLC 负责处理各种信号的逻辑关系，从而向变频器发出启动停止等信号，同时变频器也将本身的工作状态信号传送给 PLC，形成双向联络关系。

**触摸屏**

触摸屏是触摸式图形显示终端的简称，它是一种人—机交互装置。触摸屏可视作兼具鼠标和显示器功能的一种装置，使用者只要用手指轻轻地碰触屏幕上的图形符号，就能实现主机的操作和信息显示，与其他人—机交互设备相比，触摸屏的操作更为简捷方便。目前，市场上触摸屏的种类很多，有三菱公司的 GOT 系列、松下公司的 GT 系列、欧姆龙的 NT 系列等。

**组态软件**

组态软件与监控软件集成不仅在实物上可以看到程序调试结果，而且可以从图形上观察到程序测试效果，还可以在线查询历史数据以及历史报警，也可以直接从监控界面中去控制程序的执行等。将组态软件编辑好，下载到触摸屏上，操作者就可以使用触摸屏了。目前，国内用的组态软件主要有国产的组态王、西门子公司的 WinCC 和 RockWell 公司的 RSview。

# 6.2 智能控制理论

智能控制是在无人干预的情况下能自主地驱动智能机器实现控制目标的自动控制技术。对许多复杂的系统，难以建立有效的数学模型和用常规的控制理论去进行定量计算和分析，而必须采用定量方法与定性方法相结合的控制方式。定量方法与定性方法相结合的目的是，要由机器用类似于人的智慧和经验来引导求解过程。

## 6.2.1 智能控制的发展

1965年，傅京孙首先提出把人工智能的启发式推理规则用于学习控制系统。1985年，在美国首次召开了智能控制学术讨论会。1987年又在美国召开了智能控制的首届国际学术会议，标志着智能控制作为一个新的学科分支得到承认。智能控制具有交叉学科和定量与定性相结合的分析方法和特点。智能控制是以控制理论、计算机科学、人工智能、运筹学等学科为基础，扩展了相关的理论和技术，其中应用较多的有模糊逻辑、神经网络、专家系统、遗传算法等理论和自适应控制、自组织控制、自学习控制等技术。

与人工智能相似的是，智能控制技术是人工智能技术与其他信息处理技术，尤其是信息论、系统论、控制论、认识工程学等的集成。从学科结构的观点来看，提出了不同的思想，其中，智能控制的四元交集结构是最有代表性的一种集成思想。在智能控制领域内已集成了许多不同的控制方案，如模糊自学习神经控制就集成了模糊控制、学习控制和神经控制等技术。

实现这一集成面临许多挑战，如创造知识表示和传递标准形式，得到这些可接受的标准，理解各子系统间的有效交互作用以及开发数值模型与非数值知识的综合表示新方法，也包括定性模型与定量模型的集成，以便以可接受的速度进行定性推理。

要集成的信息技术除了上述之外，还包括计算机网络、数据库、计算机图形学、语音与其他听觉技术、机器人学、过程控制、并行处理、光学计算、生物信息处理等技术。对于未来的智能控制系统还要集成认知科学、生理学、心理学、语言学、社会学、人类学、系统学、哲学等。图6.11所示为一个智能控制系统相关学科的关系框图，其中，计算技术包括系统结构、面向目标（对象）语言、人—机接口（界面）、数据库与知识库、推理系统等。计算不仅是智能控制系统支持结构的一个重要部分，而且是系统活力所在，尤如血液对人体一样重要。

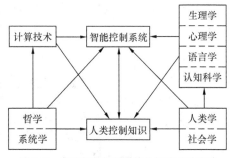

图6.11 集成智能控制系统的相关学科关系

智能控制将向更高的技术水平发展，智能控制系统将包含多层级、多变量、非线性、大时滞、快速响应、分布参数、大规模系统等。

## 6.2.2 典型系统介绍

### 1. 专家系统

专家系统是利用专家知识对专门的或困难的问题进行描述，其简化结构图如图6.12所示。用专家系统所构成的专家控制，无论是专家控制系统还是专家控制器，其相对工程费用较高，而且还涉及自动地获取知识困难、无自学能力、知识面太窄等问题。尽管专家系统在解决复杂的高级推理中获得较为成功的应用，但是专家控制的实际应用相对还是比较少。

图 6.12　专家系统简化结构图

图 6.13 所示为一种用于 PI 控制的专家调节器的软件结构。该专家调节器与现有的专家调节器的主要区别有 2 点：①受控装置的输出和控制器控制的响应设定信号均用于调节控制器的增益；②对具有非线性执行（驱动）器的装置，能够对控制器的积分部分提供智能反振荡保护。该专家调节器的软件是任务分级结构的，每个任务都被分解为基本子任务，从而得到下列子系统：专家信号调节器、专家调节器推理机、智能 PI 控制器、专家监控器、智能反振荡保护调节器以及专家调节性能调整器等。

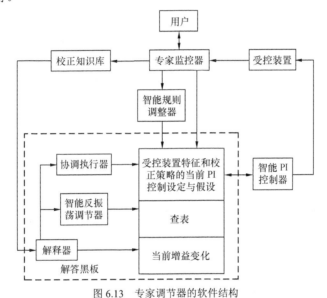

图 6.13　专家调节器的软件结构

## 2. 模糊逻辑

模糊逻辑用模糊语言描述系统，既可以描述应用系统的定量模型也可以描述其定性模型。模糊逻辑可适用于任意复杂的对象控制，但在实际应用中模糊逻辑实现简单的应用控制比较容易。简单控制是指单输入单输出系统（SISO），或多输入单输出系统（MISO）的控制。因为随着输入/输出变量的增加，模糊逻辑的推理将变得非常复杂。

根据要求，直流传动速度控制系统可以设计成一个二维的单输出模糊控制系统，系统结构如图 6.14 所示。其输入/输出语言变量为误差 $e$、误差变化 $EC$ 和控制输出增量 $u$。

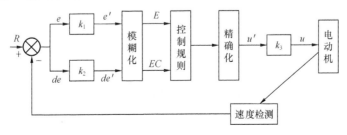

图 6.14　直流传动速度控制系统的模糊控制结构图

### 3．神经网络

神经网络是利用大量的神经元按一定的拓扑结构和学习调整方法，能表示出丰富的特性,并行计算、分布存储、可变结构、高度容错、非线性运算、自我组织、学习或自学习等。这些特性是人们长期追求和期望的系统特性，它在智能控制的参数、结构或环境的自适应、自组织、自学习等控制方面具有独特的能力。神经网络可以和模糊逻辑一样适用于任意复杂对象的控制，但它与模糊逻辑不同的是擅长单输入多输出系统和多输入多输出系统的多变量控制。神经网络结构如图 6.15 所示。

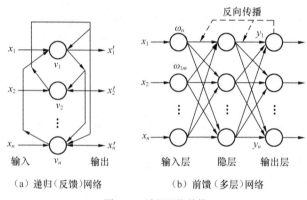

| （a）递归（反馈）网络 | （b）前馈（多层）网络 |

图 6.15　神经网络结构

飞机刹车系统是飞机上具有相对独立功能的子系统，承载飞机的动、静态载荷及着陆时的动能，实现飞机制动控制。飞机刹车防滑系统采用了神经网络的 BP 算法和模糊实时控制，并且数字信号处理器（DSP）在嵌入式系统中实现了神经网络算法。飞机防滑刹车效率有了明显改进，鲁棒性增强。飞机刹车制动主要靠刹车时轮胎和地面间产生的结

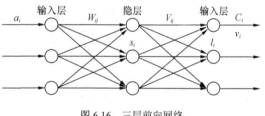

图 6.16　三层前向网络

合力来使飞机减速。影响结合力大小的主要因素是结合系数 $\mu$。该系数与滑移量 $\sigma$ 之间存在一个复杂的非线性关系，飞机刹车系统采用图 6.16 所示为三层前向网络，图 6.17 所示为系统结构图。

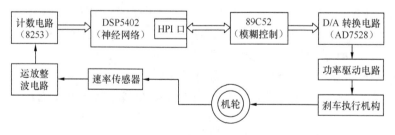

图 6.17　系统结构图

# 6.3　工业控制网络

随着计算机技术发展，以现代技术为基础的计算机网络技术也发展到实际使用阶段。如果把

计算机网络连接起来，可以达到相互产生交换信息、共享资源、分布应用及处理。

## 6.3.1　主干网

目前，工业控制网络中的主干网的建设主要有 FDDI、ATM 和以太网 3 种。基于 ATM 的主干网是一种高性能的网络，它采用网状结构，保证系统的可靠性，同时采用定长短信元和面向连接的技术，综合了电路交换和分组交换的优点，具有延迟小、吞吐量大、速度快等特点，适合传输视频等多媒体信息。但是，现有网络操作系统对 ATM 的支持不够，互操作性能不完善。近年来，提出了以太网上的 ATM 技术使 ATM 网络可以低成本地延伸到桌面，从而建立起端到端的完整 ATM 通路。基于 FDDI 的主干网是一种比较成熟的主干网，应用较早，技术成熟。图 6.18 所示为供水智能监控网络系统结构。

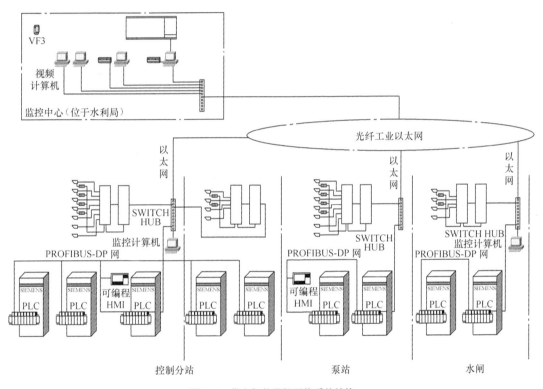

图 6.18　供水智能监控网络系统结构

1. 主干网

作为主干网，各种服务器通过端口与之相连。一方面，它采用了高速令牌网的一个超集，在优先级控制方面可以对实时数据赋予高优先级，区别与常规数据的传递；另一方面，FDDI 支持一种同步通信交通，即所谓延迟受限的通信，它将保证传输延迟的最大限制。因此，FDDI 可以良好地支持多媒体通信，也特别适合于多媒体网络传输的要求，即视频、音频等多媒体信息传输要求，该结构一般应用在规模较大的城域网。以太网（Ethernet）是一种发展成熟、迅速并且应用广泛的网络结构，具有良好的经济性和连续性。特别是 100Mbit/s 的快速 Ethernet 诞生以后，一些机构开发出适合于工业环境的 Ethernet 器件，开始将用于 DCS 的监控级，如 FF HSE，Ethernet/IP（The Open DeviceNet Vendor Association 支持）、ProfiNet（The Profibus Trade Organization 支持）、

Interface for Distributed Automation（The IDA Group 支持）、Modbus/TCP（The Modbus Users Group 支持）等。

2. 现场总线

现场总线技术自 20 世纪 80 年代中期问世以来，经过十几年的竞争，先后涌现出两百多种现场总线技术。其中有影响的就有十几种，如 Profibus（Process Field Bus）、HART（Highway Addressable Remote Transducer）、FF（Foundation Fieldbus）、CAN（Controller Area NetWork）、LonWorks 等。现场总线的产品已形成系统产品，包括传感器、执行器、现场 I/O、控制器等现场仪器仪表，各种工业控制计算机、通信单元、组态软件、人—机接口软件、系统监测软件、过程控制软件等。现场总线的应用涉及制造业、汽车、过程控制、电力系统、水利系统、智能楼宇等方面。

具备了网络功能的可编程控制器（PLC）可以进行超越 OA 和 FA 阶层的无阶层信息通信，这一点已经成为掌握综合性的现场信息化的关键要素之一。利用 PLC 能够顺利实现信息系统和控制系统在异种网络之间的信息通信。需要注意的是，信息系统的 ethernet、控制系统的 controller link、组合系统的 device net（compo bus/D）各个阶层，以及进一步在 controller link-ethernet 的异种网络之间，都可以像处在同一个网络的感觉一样简单地进行信息通信。作为信息网络标准的 ethernet 中，在 TCP/IP、UDP/IP 的各 8 个插口 I/F、FINS 信息通信、以文卷为单位的数据通信（FTP）以及邮件通信等的支持下，可以使生产管理和制造现场数据形成有机的链环，再加上原有的电缆（可以采用光缆）连接来传送信息。数据链环容量的扩大、通信距离的延长等，需要 controller link 的功能进一步强化，控制器之间的通信操作也要进一步扩大。采用 1 个 PLC 系统时最多可以扩展 16 台串行通信单元共 32 点，串行通信转换器 1 台共 2 点，即通用串行机器有总计 34 点可供连接。协议转换功能最大限度地实现了 PLC 的多点化，以及通信速度的高速化（可达 38.4kbit/s），传送和接收信息长度可达 256～1 000 字长等，从而使 PLC 的功能得到了进一步的强化。作为现场网络的标准总线，应该与 DeviceNet 相对应，同时，与多种 I/O 终端设备相组合，可以构筑柔性生产系统。可编程控制器应用如图 6.19 所示。

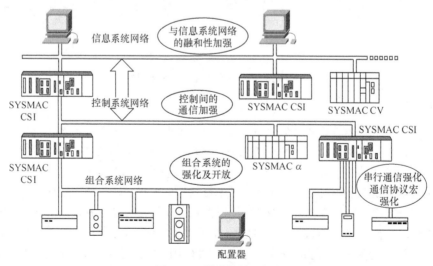

图 6.19　可编程控制器应用

## 6.3.2 网络与三维 CAD/CAE/CAM/CAT/网络系统

今后的全球战略中的制造业将是一种以个人计算机为核心的三维 CAD/CAE/CAM/CAT/Network（以下简称 3D4CN）系统。该系统不仅仅单纯是原来的 CAD/CAM，还要进行高效率的：①基于计算机支持下的设计（CAD）；②解析、仿真（CAE）；③生产、制造（CAM）；④产品的检验、测量（CAT）；⑤实现网络化。此外，还需要进一步实现包括企划、经营、供应在内的整个公司各部门之间，以及公司与国内和海外相关企业之间的网络化。借助于网络，消除了各工程以及各部门之间在数值信息沟通方面的障碍，使整个公司成为了一个具有良好效率的管理统合系统。因此，3D4CN 系统成为了推进 PDM、CALS 的制造现场所必需的平台系统。换句话说，在 3D4CN 系统的基本构成中，包括了制造现场所必需的硬件和软件。图 6.18 所示为 3D4CN 系统硬件的基本构成，其中，高性能的 PC（Personal Computer，个人计算机）或 EWS（Engineeringwork Station）是硬件系统的中枢，作为上位计算机使用，并与下位计算机（个人计算机等）构成网络。由这些下位计算机来进行 CAM 和 CAT，以及工程管理和生产管理等，特别是借助于 DNC 来完成对数控机床的控制装置进行控制，因此，下位计算机是必需的。借助于因特网，把来自 PC 的数字信息送入 CNC 机床或者模态仿型机（三维数字化转换器）以及三维测定器等，就可以用数字方式来实施产品的生产制造。进一步依靠 PDM，可望实现高效率的管理与运营。至于个人计算机的台数，可根据网络情况以及企业规模的需要随时增减。在图 6.20 中，示出了基于两台个人计算机的顾客与提供信息资源系统。一般说来，其中一台个人计算机同时用作管理整个系统的服务器。不久的将来，利用台高性能个人计算机就可以胜任 3D4CN 的全部工作。

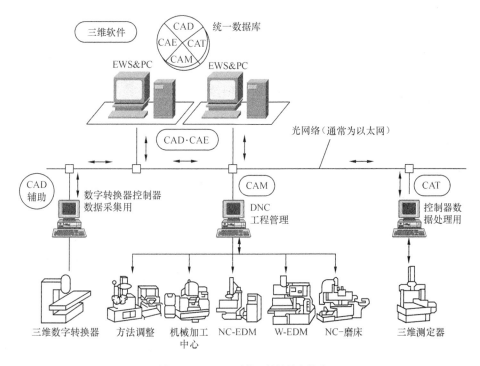

图 6.20　3D4CN 系统硬件的基本构成

**CAD/CAM**

CAD：计算机辅助设计，利用计算机可以帮助设计人员担负计算、信息存储和制图等项工作。

CAM：计算机辅助制造是指在机械制造业中，利用电子数字计算机通过各种数值控制机床和设备，自动完成离散产品的加工、装配 、检测和包装等制造过程。

# 控制网络实例

## 1. 污水处理

污水处理是一个多参量（如液位、流量、压力、生物指标等）、多任务（如污水输送、风量控制、水泵的启停等）、多设备（多格栅机、水泵、鼓风机、阀门等）且具有随机性、时变性和耦合性的复杂性的系统。因此，由稳定可靠的数据信息交换网络与综合管理系统来进行自动化的管理，使之安全可靠地运行。污水处理总系统结构图如图 6.21 所示。污水厂控制系统分为管理级、控制级及现场。

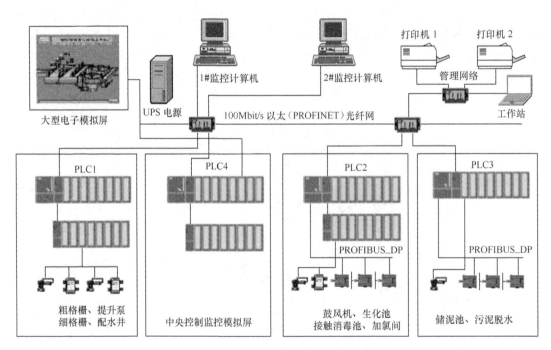

图 6.21　污水处理总系统结构图

（1）管理级：是系统的核心部分，完成对污水处理过程各部分的管理和控制，并实现厂级的办公自动化。

（2）控制级：是实现系统功能的关键，也是管理级与现场级之间的枢纽层。

（3）现场级：是实现系统功能的基础。现场级主要由一次仪表（如液位计，D0 传感器等）、控制设备等组成。

图 6.22 所示为污水处理车间结构图。

2．板材零件柔性加工生产线

图 6.23 所示为板材 FMS 控制系统，它是具有 3 个级的控制逻辑链方案。这 3 个级是监控级、现场控制级和设备级，构成递阶式逻辑结构。数控机床（一台回转头冲床和一台直角剪板机）、堆垛机等机械设备处在设备级。制造单元控制器处在现场控制级，它对设备级的机械设备实施控制并采集设备状态信息。中央控制单元处在监控级，同现场控制级的制造单元控制器之间有通信网络连接。中央控制单元向制造单元控制器发送调度命令和数据，从制造单元控制器采集命令执行情况、设备状态信息等，以便对整个板材 FMS 范围内的制造活动进行全面的管理、调度和控制。

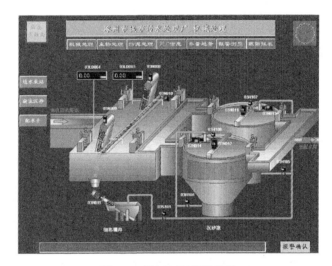

图 6.22　污水处理车间结构图

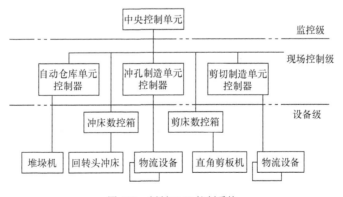

图 6.23　板材 FMS 控制系统

网络系统把板材 FMS 的各个分散的部分连接起来，实时地传送调度命令、作业进行情况、控制信号、设备状态等信息。网络连接的示意模型如图 6.24 所示。中央控制单元与 3 个制造单元控制器、数控编程系统、机床数控柜之间采用异步通信连接，各制造单元控制器与机械设备之间以及制造单元相互之间采用电平连接。

通信系统的传输介质采用光纤，因而具有很好的抗电磁干扰性能。为了与不断运动的堆垛机通信，还采用了红外线通信设备。图6.25所示为包含通信系统的板材FMS逻辑框图。

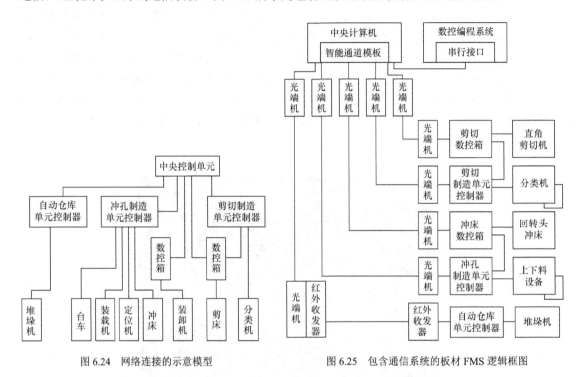

图6.24　网络连接的示意模型　　　　图6.25　包含通信系统的板材FMS逻辑框图

 柔性制造系统（FMS），是一组数控机床和其他自动化的工艺设备，由计算机信息控制系统和物料自动储运系统有机结合的整体。柔性制造系统由加工、物流和信息流三个子系统组成。

# 小结

本章主要介绍了工业控制计算机、智能控制理论和工业控制网络。

（1）工业控制计算机有单片机、PLC、工业计算机、嵌入式计算机、OEM产品、分布式控制系统（DCS）、机电设备数控系统（CNC，FMS，CAM）和现场总线控制系统（FCS）。

（2）单片机的结构、种类和特点。常用单片机系列和单片机的结构归纳如下。

$$
\text{常用单片机}\begin{cases} \text{8051 系列} \\ \text{M68HC 系列} \\ \text{PIC 单片机系列} \\ \text{Z86 系列} \end{cases}
\quad
\text{单片机的结构}\begin{cases} \text{微处理器} \\ \text{ROM/EPROM} \\ \text{定时器/计数器} \\ \text{串行口} \\ \text{中断系统} \\ \text{I/O 口} \\ \text{特殊功能寄存器} \end{cases}
$$

（3）PLC的结构、种类和特点。主要生产PLC的公司归纳如下。

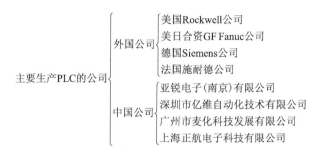

$$主要生产PLC的公司\begin{cases}外国公司\begin{cases}美国Rockwell公司\\美日合资GF\ Fanuc公司\\德国Siemens公司\\法国施耐德公司\end{cases}\\中国公司\begin{cases}亚锐电子(南京)有限公司\\深圳市亿维自动化技术有限公司\\广州市麦化科技发展有限公司\\上海正航电子科技有限公司\end{cases}\end{cases}$$

（4）智能控制的发展及主要智能控制理论包括如下3部分。

$$智能控制理论\begin{cases}专家系统\\模糊逻辑\\神经网络\end{cases}$$

（5）工业控制网络归纳如下。

$$工业控制网络\begin{cases}主干网：FDDI、ATM和以太网\\现场总线：Profibus、HART、FF、CAN\\3D4CN\end{cases}$$

# 思考与练习

## 1. 判断题

（1）选择机电一体化控制系统的微型计算机，从控制的角度出发，应能满足具有较完善的中断系统、足够的存储容量、完善的I/O通道和实时时钟等要求。　　　　　　　　（　　）

（2）单片机的最小应用系统是指用一片单片机，加上晶振电路、复位电路、电源与外设驱动电路组配成的控制系统。　　　　　　　　　　　　　　　　　　　　　　　　（　　）

（3）工业控制计算机并不包含单片机和可编程序控制器，仅指定8086/8088系列的计算机。（　　）

（4）机电一体化系统的控制程序是应用软件的核心，是基于控制理论的控制算法的具体实现。　　　　　　　　　　　　　　　　　　　　　　　　　　　　　　　　　　（　　）

（5）由于单片机总线的驱动能力有限，外围芯片工作时又有一个输入电流，过多的外围芯片可能会加重总线负载，故在单片机的总线与外围扩展芯片之间需通过驱动器连接。　（　　）

（6）ROM内的信息，断电后内容不会丢失。　　　　　　　　　　　　　　　　（　　）

（7）PLC具有通信联网功能。　　　　　　　　　　　　　　　　　　　　　　（　　）

（8）单片微型计算机简称单片机，就是将CPU、存储器（存放程序或数据的ROM和RAM）、总线、定时器/计数器、I/O接口和其他多种功能器件集成在一块芯片上的微型计算机。　（　　）

（9）PLC针对不同的工业现场信号（如交流或直流，开关量或模拟量，电压或电流，脉冲或电位，强电或弱电等）有相应的I/O模块与工业现场的器件或设备（如按钮、行程开关、接近开关、传感器及变送器、电磁线圈、控制阀等）直接连接。　　　　　　　　　　（　　）

（10）智能控制是以控制理论、计算机科学、人工智能、运筹学等学科为基础，扩展了相关的理论和技术，其中应用较多的有模糊逻辑、神经网络、专家系统、遗传算法等理论和自适应控制、自组织控制、自学习控制等技术。（　　）

（11）作为主干网，各种服务器通过端口与之相连。一方面，它采用了高速令牌网的一个超集，在优先级控制方面可以对实时数据赋予高优先级，区别与常规数据的传递；另一方面，FDDI 支持一种同步通信交通，即所谓延迟受限的通信，它将保证传输延迟的最大限制。（　　）

（12）基于 ATM 的主干网是一种高性能的网络，它采用网状结构，保证系统的可靠性，同时采用定长短信元和面向连接的技术，综合了电路交换和分组交换的优点，具有延迟小、吞吐量大、速度快等特点，适合传输视频等多媒体信息。（　　）

**2. 选择题**

（1）计算机控制部分包括（　　）。

　　A．计算机主机　　　　B．CPU　　　　　　C．外部存储器　　D．输入/输出设备

（2）控制器的作用有（　　）。

　　A．模拟量的控制　　　B．数字量的控制　　C．对逻辑状态的控制

　　D．顺序控制　　　　　E．运动控制

（3）计算机的用途有（　　）。

　　A．数值计算　　　　　B．数据处理　　　　C．生产过程的控制

　　D．CAD　　　　　　　E．人工智能

（4）计算机存取信息时，是（　　）进行的。

　　A．1 个位　　　　　　B．4 个位　　　　　C．1 个单元

（5）高级语言包括（　　）。

　　A．机器语言　　　　　B．汇编语言　　　　C．BASIC　　　　D．FORTRAN

（6）MCS-51 系列是指_____。

　　A．工控机　　　　B．单片机　　　　　C．PLC　　　　　D．PC

（7）工业控制计算机的（　　）就是排除种种干扰使被控参数按预定规律变化。

　　A．功能　　　　　　B．核心　　　　　C．用途　　　　D．工作原理

（8）PLC 通过输入/输出接口（开关量 I/O、模拟量 I/O、脉冲量输入口以及串行口、并行口等）与被控对象（　　）。

　　A．连接　　　　　　B．合并　　　　　C．全体　　　　D．运动

（9）从学科结构的观点来看，提出了不同的思想，其中，智能控制的四元交集结构是最有代表性的一种（　　）。

　　A．集成思想　　　　B．思想　　　　　C．集成　　　　D．标志

（10）模糊逻辑可适用于（　　）复杂的对象控制，但在实际应用中模糊逻辑实现简单的应用控制比较容易。

　　A．任意　　　　　　B．很多　　　　　C．多种　　　　D．有限

**3. 填空题**

（1）PLC 的组成有：_____、_____、_____、_____、_____、_____。

（2）智能控制理论主要有：_____、_____和_____。

（3）工业控制计算机输出的信号，需经过转换，按比例转换成标准大小的_____，才

能_____执行机构。

（4）PLC 在一个扫描周期内，程序执行过程分 3 个阶段：_____、_____和_____。

（5）_____是人工智能技术与其他信息处理技术，尤其是信息论、系统论、控制论、认识工程学等的集成。

（6）模糊逻辑用模糊语言描述系统，既可以描述应用系统的_____也可以描述其_____。

（7）神经网络是利用大量的神经元按一定的拓扑_____和学习调整_____，能表示出丰富的特性,并行计算、分布存储、可变结构、高度容错、非线性运算、自我组织、学习或自学习等。

（8）神经网络可以和模糊逻辑一样适用于任意复杂对象的控制，但它与模糊逻辑不同的是擅长单输入多输出系统和_____系统的_____控制。

（9）_____已形成系统产品，包括传感器、执行器、现场 I/O、控制器等现场仪器仪表，各种工业控制计算机、通信单元、组态软件、人—机接口软件、系统监测软件、过程控制软件等。

### 4. 问答题

（1）MCS-51 单片机由哪些部件组成？

（2）PLC 的工作过程分几个阶段？每个阶段的作用是什么？

（3）什么是公用母线式网络？

（4）MCS-51 单片机有何用途？

（5）PLC 有何用途？

（6）工业控制计算机有何用途？

（7）单片机与 PLC 有何区别？

（8）PLC 与工业控制计算机有何区别？

（9）解释下列名词。

DCS、FMS、CAD、PC、PID 调节器、I/O 设备、CAM。

# 第7章 机电一体化技术的应用

本章概述机电一体化，各节分别介绍机电一体化的定义、机电一体化的作用、成熟的机电一体化系统，以及机电一体化的基础知识、未来展望等内容，还将介绍一些相关知识、应用实例、简单例题等。

通过本章的学习，读者能够理解机电一体化与其他自动机械有什么关系。

**知识目标**

◎ 了解机电机一体化技术代表性应用技术：玩具机器人、变频式空调、数控机床、机器人、雷达跟踪系统、某机电一体化实训考核装置和某流水线铆接工位自动生产设备。

## 7.1 智能玩具机器人

将人的自然智能通过人工智能的模仿和扩展，完成社会生产的自动化和智能化，促进知识密集型经济的发展，是长久以来人们追求的目标。以往对机器人的研究大多是在已知、结构化环境中进行的，也就是说研究人员对于机器人的自身以及机器人的工作环境都有精确的经验知识。而在实际情况中这又是很难做到甚至是不可能做到的。20 世纪 90 年代开始，随着对机器人学、DAI（分布智能）和分布式系统研究的深入与发展，机器人已朝着分布式、智能化和系统化的方向发展。尤其是智能化机器人问题正受到越来越多的关注。没有传感器的机器人仅是一台机械设备，只能通过预先设定的动作顺序进行运动。它同其他机电一体化产品一样，也是由机械本体、动力源、电子控制单元、检测传感部分和执行机器（伺服系统）组成的。机器人能够像智能生物一样根据环境的变化做出相应的反应和动作，主要是采用了先进的传感器。

**想一想**

常用的传感器有哪些？

用于智能机器人的传感器可以分为两大类：用于控制机器人自身的内传感器和安装在机械手或移动机器人上的、进行某种操作所需的外传感器。

## 1. 内传感器

所谓内传感器就是实现测量机器人自身状态功能的元件。具体的检测对象有关节的线位移、角位移等几何量，速度、角速度、加速度等运动量，还有倾斜角、方位角、振动等物理量。对各种传感器要求精度高、相应速度快和测量范围宽。内传感器中，位置传感器和速度传感器也称为伺服传感器，是机器人反馈控制中不可缺少的元件。如果以传感器为主体，根据其用途也可将某些外传感器当作内传感器使用，如力觉传感器，在测量操作对象或障碍物的反作用时，它是外传感器；而它用于末端执行器或手臂的自重补偿中，又可认为是内传感器。

## 2. 外传感器

具体来说，外传感器又可分为视觉传感器、触觉传感器、力觉传感器、接近觉传感器、超声波探测等。

（1）视觉传感器。视觉传感器分为二维视觉传感器和三维视觉传感器两大类。二维视觉传感器是获取景物图像信息的传感器，处理方法有二值图像处理、灰度图像处理和彩色图像处理。它们都是以输入的二维图像为识别对象的。图像由摄像机获取，如果物体在传送带上以一定速度通过固定位置，也可用一维线性传感器获取二维图像的输入信号。

三维视觉传感器可以获取景物立体信息或空间信息，立体图像可以根据物体表面的倾斜方向、凹凸高度分布的数据获取，也可根据从观察点到物体的距离分布情况，即图像距离得到。空间信息则依靠图像距离获得。

（2）触觉传感器。触觉传感器是具有人体皮肤感觉功能的传感器总称。机器人触觉传感器不可能实现人体全部的触觉功能，人类对机器人触觉的研究只能集中在扩展机器人能力所必须的触觉功能。一般地，把检测感知和外部直接接触而产生的接触、压力、滑觉的传感器，称为机器人触觉传感器。有时也把接近觉传感器广义地看做触觉传感器中的一种。

触觉传感器可具体分为集中式和分布式（或阵列式）。集中式触觉传感器是用单个传感器检测各种信息；分布式（阵列式）触觉传感器则检测分布在表面上的力或位移，并通过对多个输出信号模式的解释得到各种信息。触觉传感器一般多指分布式传感器。

（3）力觉传感器。机器人力觉传感器的选择与整个系统的控制性能好坏有密切关系。力觉传感器根据力的检测方式不同，可分为检测应变或应力（应变片式）、利用压电效应（压电元件式）和用位移计测量负载产生的位移（差动变压器、电容位移计式）3 类。

（4）接近觉传感器。接近觉传感器可以在近距离范围内，获取执行器和对象物体间的空间相对关系的信息。它用于确保安全，防止物体的接近或碰撞，确认物体的存在或通过与否，检测物体的姿态和位置，测量物体的形状，进而为操作规划的制定，为躲避障碍、避免碰撞提供信息。接近觉传感器通常安装在指定的狭窄空间里，因此，要求体积小、重量轻、结构简单、稳定、坚固。在设计和制造时，必须在充分理解检测基本原理的基础上，考虑周围的环境条件及空间限制，选择适合于目标的检测方法，以满足所要求的性能。

（5）超声波探测。超声波可用于非接触法探测远处物体的情况。机器人超声波探测并非测量超声波本身，而是利用超声波测量空间中未知物体的位置或特性。通过测量超声波脉冲传输的往返时间，测出传感器到物体的距离是超声波在机器人传感系统中的典型应用。

另外，实用中的外传感器还有听觉传感器、味觉传感器、嗅觉传感器、电磁波传感器等。

**多传感器数据融合技术**

用于智能机器人的多传感器数据融合技术是近年来十分热门的研究课题。它结合了控制理论、信号处理、人工智能、概率和统计的发展，协同运用多传感器的传感数据，提取所探测环境尽可能多的有用信息，消除信息的不确定性，提高传感器的可靠性。

多传感器数据融合技术有许多优点：增加了测量的维数和置信度；改进了探测性能；扩展了空间和时间的覆盖范围；改进了系统的可靠性和可维护性；系统容错性好，运行鲁棒性强；系统内资源共享，可提高资源的利用率。多传感器数据融合作为消除系统不确定因素、提供准确观测结果和新的观测信息的智能化处理技术，可直接用于检测、控制、态势评估和决策过程。

数据融合的方法是多传感器数据融合的最重要的部分，由于其应用上的复杂性和多样性，决定了数据融合的研究内容极其丰富，涉及的基础理论较多。多传感器数据融合算法大体可以分为以下几类：综合平均法、参数模板法、聚类分析法、贝叶斯估计法、D-S法、神经网络法和模糊逻辑法。

多传感器数据融合技术主要存在以下几方面的问题：未形成基本理论框架和有效广义模型及算法；关联的二义性是数据融合中的主要障碍；数据融合方法与融合系统实施问题；融合系统的容错性和鲁棒性没有得到很好的解决。

改进融合算法可以进一步提高融合系统的性能；有效利用有关的先验数据可提高数据融合的性能；开发并行计算的软件和硬件，可以满足具有大量数据且计算复杂的多传感器融合的要求；针对具体的应用情况，正确地评价多传感器数据融合的结果。

轮式移动机器人集机械、电子、检测技术与智能控制于一体。在各种移动机构中，轮式移动机构最为常见。轮式移动机构之所以得到广泛的应用，主要是因为容易控制其移动速度和移动方向，因此，有必要研制一套完整的轮式机器人系统，并进行相应的运动规划和控制算法研究。机器人控制系统由主控制电路模块、存储器模块、光电检测模块、电机及舵机驱动模块等部分组成，主控制系统的结构框图如图7.1所示。

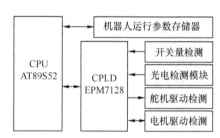

图7.1 主控制系统的结构框图

## 7.2 变频式空调

变频式空调器是家用电器中典型的机电一体化设备。传统空调器在工作前需要人工选择各种方式、设定温度，然后才能投入工作。变频式空调器借助有关的传感技术，通过模糊逻辑准确地推断出了最佳的运转方式，取代了常规的 ON/OFF 控制的空调器；通过变频调速系统自动地、连续地调整压缩机的功率，室内外风机的速度以及制冷介质的流量实现了最佳技能控制。

1. 变频式空调控制器的结构和主要功能

（1）控制器的结构。新型的变频式模糊控制空调器实际上是一个多 CPU 控制系统，如图 7.2 和图 7.3 所示，它主要包括 3 个部分：红外遥控发射系统、室内机组控制系统、室外机组控制系统。其中红外遥控发射系统是一个良好的人—机交互系统，便于用户选择相应的空调器工作方式和工作参数，控制空调器的开停；室内机组控制系统接收来自于发射系统的遥控指令，借助于传感技术，采用模糊逻辑推理自动设定风机的转速和压缩机的工作频率，控制室内风机的无级调速以及风门的格摆动作，并且将有关的决定信息通过串行通信方式传递到室外机组；室外机组控制系统接收室内机组的串行指令，利用 PWM 脉宽调制技术实现压缩机的制冷量连续调节。这 3 个部分既相互独立，又能有效地传递、交换信息，最终成为一个有机的整体，达到操作方便、工作可靠、技术性能稳定、性价比高等期望结果。

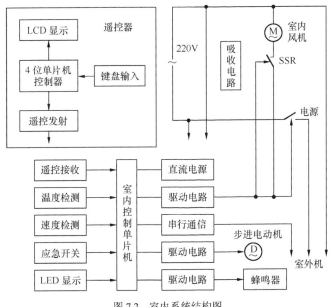

图 7.2　室内系统结构图

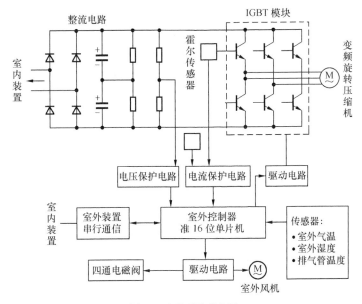

图 7.3　室外系统结构图

上述控制器是针对当前流行的红外遥控式空调器而设计的，其主要特点是将一部分噪声移到室外，以满足人们对室内保持安静的要求，其中室外机组主要有压缩机、室外热交换器、室外风机等，室内机组主要有室内风机和室内热交换器以及红外遥控发射、接收系统。

（2）控制器的主要功能。温度控制：温度控制范围为 16℃～30℃，控制精度为±15℃。温度设定为每度一挡，即在 16℃～30℃共有 15 挡，应急状态定为约 24℃。

定时控制：定时范围为 1～2h，包括定时关机、定时开机和不定时 3 种功能。在选择有定时功能时，可通过"定时加"和"定时减"两个键选择适当的定时时间，定时分挡为 1 h，定时精度选 1%。

制冷控制：根据当前室内温度与设定温度的偏差，并考虑温差的变化率等因素进行模糊推理，决定室内风机的转速以及室外变额电源系统的频率，并通过串行通信接口发送给室外机组的控制器，达到最佳效能控制，降低噪声。

除湿控制：将设定温度调到稍低于室温，并选择除湿运行方式，空调器先进行制冷运行，直到室温略高于设定温度 1℃～2℃，自动进入除湿状态。在除湿状态下，不管风机的风速设定如何，均采用低速运行，且系统按照连续"工作 10min/停止 5min"的工作模式间歇运行。

制热控制：制热运行开始时，室内风机滞后 15s 再运转。在室外压缩机停止工作时，室内风机以低速运行，其他雷同制冷控制。利用"控制方式"键可选择上述制冷、除湿和制热 3 种方式之一。

风机以"中速"吹出暖风大约 15min。快速工作 15min 之后空调器自动转入以前的正常工作状态。当人在阅读、睡眠时，可选择"超静"控制方式，此时，风机会以较低速度工作，保持室内宁静。利用"快速，超静"开关可依次选择快速、正常、超静 3 种方式。

风向控制：按下"电源开关"键一次，使空调器开始运转，风门自动打开到最大位置，再次按下"电源开关"键，空调器停止运转（关机）、风门自动关闭。在空调器运转过程中，按一下"风向"键，垂直百叶在一定范围内摆动，步进电机的正反转实现风门"开大，开小"控制。

风速控制：利用"风速"键可以选择风机速度，分别为"自动"、"高"、"中"、"低"。其中"高"、"中"、"低" 3 挡是固定风速，而自动状态由模糊推论自动设定。风速的控制是通过固态继电器 SSR 来完成的，通过使该相角 $\alpha$ 在 0°～180°变化达到移相控制、交流调压的目的。

遥控/应急控制：在正常情况下，可用红外遥控器在远距离实现遥控功能，在遥控器丢失等异常情况下，按一下应急开关也可在自动风速下启动空调器进行制冷，此时无定时功能。

状态指示：设有电源指示、运转指示、定时指示 3 个 LED 指示灯，分别表示空调器的工作状态。当遥控信号接收有效时，蜂鸣器响一下，持续时间约 1s，若自检异常，电源指示灯闪烁（0.5sON/0.5sOFF）。

延时保护：在发出停机操作后，自动进行 3min 延时保护。

（3）室内红外遥控系统设计。红外遥控发射器设有 LCD 指示和若干功能键，其中 LCD 可显示设定温度、定时方式和定时时间、风机风速、风门工作方式、制冷/制热方式、超静、快速工作等，其中功能键如下。

电源开关：按一下为开机，并再按一下则为关机，依次循环。

温度设置键：有"加 1"和"减 1"两个键，按"加 1"键，设定温度上升 1℃；按"减 1"键，设定温度下降 1℃，设定温度的范围为 16℃～30℃。

定时方式键：在关机状态下接电源开关，定时方式为不定时。若按一下为定时关机"OFF"；若再按一下则为定时开机"ON"，继续按一下又为不定时方式，依次循环。

定时时间键：也有"加1"和"减1"键，按"加1"键，定时时间增加1h：按"减1"键，定时时间减1h，定时范围为1～12h。

工作方式键：由此键可队依次设定"自动"、"除湿"、"加热"、"制冷"工作方式。

超静/快速键：可设定超静、快速、正常3种方式之一。

风门控制键：可设定循环开/关摇摆工作方式和定位吹风方式。

风速设定键；可选择"自动"、"高"、"中"、"低"4挡风速。

（4）室内机组控制系统设计。

① 硬件系统设计。模糊控制变频式空调器室内机组的硬件控制系统如图7.4所示。

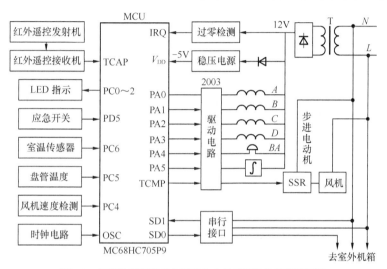

图 7.4　模糊控制变频式空调器室内机组硬件控制系统框图

② 室内机组软件系统设计。空调器室内机组软件控制系统的子程序包括高、中、低3个层次：高层次有制冷子程序，除湿子程序，快速、超静子程序，应急控制子程序；中间层次有风帆速度控制子程序、风门步进电机控制子程序、红外遥控指令输入捕捉中断服务子程序、实时时钟中断服务子程序；低层次有串行通信程序、数据采集及滤波子程序、延时子程序、报警提示子程序、模糊推理机等。

为了克服噪声的影响并考虑一定的时间差，提高遥控的可靠性，降低误码率，可利用单片机的输入捕捉功能设计一个高效的红外遥信号译码程序。

（5）空调器室外机控制系统设计。传统空调器的温度控制由温度传感器感受室内温度变化来控制压缩机的运行和停止，风扇则在设定的速度下进行，这就造成受控环境温度有较大的变化范围，使人们在使用空调时亦不断感受冷热的变化。因压缩机采用 ON、OFF 控制方式，空调器自身的结构特点造成室内机的输出比压缩机的输出有一定的滞后，而且压缩机处于全开或全关状态，其制冷（热）量也对室内温度有冲击，势必影响空调的温度控制精度和舒适性。变频模糊控制空调器，是将传感器测定的实际环境状态和空调系统状态与人们所期望达到的状态进行比较，通过模糊逻辑控制技术使空调器控制系统具有自调整的智能特性，从而得出最佳的动态控制参数，并对空调器的变频电源及各执行单元实施控制，使空调器的工作状态随着人们要求的变化和环境状态而自动变化，迅速、准确地达到人们的要求并调整空调器的工作状态保持在最合理的状态下，因而变频模糊控制空调器符合室内外的要求。

### 2. 控制电路方案设计

变频调速的关键是如何产生 SPWM 控制信号，以驱动逆变电路的功率开关器件 IGBT。就硬件组成来讲，常常有以下 3 种方法：采用微处理器（单片控制机）；采用全数字式 PWM 调制器；采用微处理器和集成电路相结合，每种控制电路配以适当的软件就能实现对逆变电路的控制。通过对各种方案进行分析比较后，最后确定了智能变频空调的控制电路——单片机+IPM 控制电路，如图 7.5 所示。

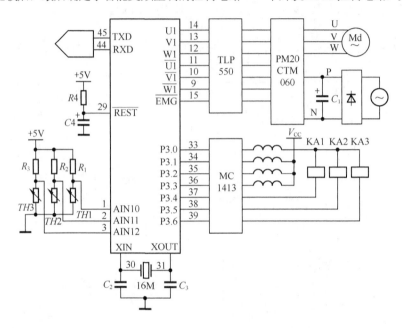

图 7.5　控制电路原理图

单片机为东芝 TLCS-870/X 系列 TMP88CK48/CM48 高速高性能的 8 位单片机。它是一种最适合空调机的压缩机等电机的控制芯片，其内部设有无传感器/带传感器的直流电机控制器、交流电机变频控制功能以及 10 位 A/D 转换器、高速 PWM、串行接口等，其最小指令时间为 0.25μs（晶振 16MHz 下）。

# 7.3　数控机床

数控机床是典型的机电一体化产品，是集现代机械制造技术、自动控制技术、检测技术、计算机信息技术于一体的高效率、高精度、高柔性和高自动化的现代机械加工设备。数控机床是典型的机电一体化产品，是现代制造业的主流设备，是体现现代机床技术水平、现代机械制造业工艺水平的重要标志，是关系国计民生、国防尖端建设的战略物资。

## 7.3.1　数控机床的产生

数控机床的研究起源于飞机制造业。1947 年，美国帕森斯公司为了精确地制造直升机的机翼、桨叶和飞机框架，提出了用电子计算机控制机床来加工形状复杂零件的设想。1949 年，美国空军为了能在短时间内制造出经常变更设计的火箭零件，与帕森斯公司和麻省理工学院伺服机构研究所合作，开始了三坐标铣床的数控化工作，于 1952 年研制成功世界上第一台数控机床——三坐标数控铣床。经过 3 年的试用和改进，于 1955 年进入实用化阶段。此后，德国、英国、日本和前苏联等国也开始了数控机床的研制开发工作。1959 年，美国 Keaney & Treckre 公司开发出了具有刀具库、刀具交换装置、回转工作台的数控机床，可以在一次装夹中对工件的多个面进行钻孔、铰孔、攻螺纹、镗削、铣削等多种加工，不仅提高了生产率，而且使加工精度大大提高。这类带有刀具库和自动换刀装置的数控机床称为加工中心，它已成为当今数控机床发展的主流。

随着科学技术的迅速发展，社会对产品多样化的要求越来越强烈，从而要求产品更新换代的周期越来越短，使多品种、小批量生产的比重明显增加；同时，随着航空航天、造船、军工、汽车、农业机械等行业对产品性能要求的不断提高，产品中形状复杂的零件越来越多，加工质量要求也不断提高。高精度、高效率的"柔性"自动化生产设备——数控机床有了很快的发展。

## 7.3.2 数控机床的组成

数字控制技术是指采用数字化信息进行控制的技术。用数字化信息对机床的运动及其加工过程进行控制的机床，称作数控机床，它是数字控制技术与机床相结合的产物。

数控机床同其他机电一体化产品一样，也是由机械本体、动力源、电子控制单元、检测传感部分和执行机器（伺服系统）组成的，框图如图 7.6 所示，结构如图 7.7 所示。

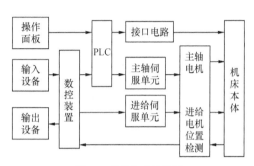

图 7.6　数控机床结构图

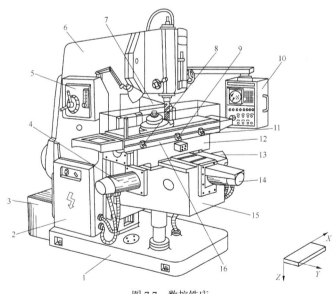

图 7.7　数控铣床

1—底座；2—强电柜；3—变压器箱；4—升降进给伺服电机；5—主轴变速手柄和按钮板；6—床身立柱；

7—数控柜；8、11—纵向行程限位保护开关；9—纵向参考点设定挡铁；10—操纵台；12—横向溜板；

13—纵向进给伺服电机；14—横向进给伺服电机；15—升降台；16—纵向工作台

### 1. 机械本体

为数控机床的主体，是用于完成各种切削加工的机械部分。

### 2. 动力源

为数控机床提供动力的部分，主要使用电能。

### 3. 电子控制单元

其核心是计算机数控（Computer Numerical Control，CNC）装置，它把接收到的各种数字信息经过译码、运算和逻辑处理，生成各种指令信息输出给伺服系统，使机床按规定的动作进行加工。这部分还包括相应的外围设备，如显示器、打印机等。

### 4. 检测传感部分

主要对工作台的直线位移和回转工作台的角位移进行检测，检测结果送入计算机，或用于位置显示，或用于反馈控制。

### 5. 执行器（伺服系统）

用来驱动机床上的移动部件作相应的运动，并对其定位精度和速度进行控制，如许多数控机床的走刀运动就是利用伺服电机驱动滚珠丝杠来完成的。

## 7.3.3  数控机床的基本工作原理

在普通机床上加工零件，是由操作者根据零件图纸的要求，不断改变刀具与工件之间相对运动轨迹，由刀具对工件进行切削而加工出符合要求的零件。而在数控机床上加工零件时，则是将被加工零件的加工顺序、工艺参数和机床运动要求用数控语言编制出加工程序，然后输入到 CNC 装置，CNC 装置对加工程序进行一系列处理后，向伺服系统发出执行指令，由伺服系统驱动机床移动部件运动，从而自动完成零件的加工。图 7.8 所示为数控机床的工作过程。

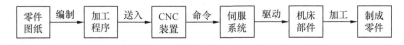

图 7.8  数控机床的工作过程

## 7.3.4  数控机床的分类

### 1. 按数控机床的工艺用途分类

（1）一般数控机床。它是与普通机床工艺可行性相似的各种数控机床，其种类与普通机床一样，如数控车床、数控铣床、数控刨床、数控磨床、数控钻床等。

（2）加工中心。它是带有刀库和自动换刀装置的数控机床。

（3）特种数控机床。它是装备了数控装置的特种加工机床，如数控线切割机床、数控激光加工机床等。

### 2. 按数控机床的运动轨迹分类

数控机床的运动轨迹如图 7.9 所示。

（1）点位控制数控机床。其数控装置只控制机床移动部件从一个位置（点）移动到另一个位置（点），而不控制点到点之间的运动轨迹，刀具在移动过程中不进行切削加工，如数控钻床、数控冲床等。

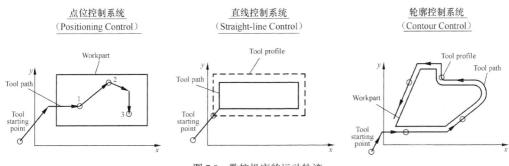

图 7.9 数控机床的运动轨迹

（2）直线控制数控机床。其数控装置除了要控制机床移动部件的起点和终点的准确位置外，还要控制移动部件以适当速度沿平行于某一机床坐标轴方向或与机床坐标轴成 45° 的方向进行直线切削加工，如简易数控车床、简易数控磨床等。

（3）轮廓控制数控机床。其数控装置能够同时对两个或两个以上坐标轴进行联动控制，从而实现曲线轮廓和曲面的加工，如具有两坐标或两坐标以上联动的数控铣床、数控车床等。

**3. 按伺服系统的控制方式分类**

数控机床的控制方式如图 7.10 所示。

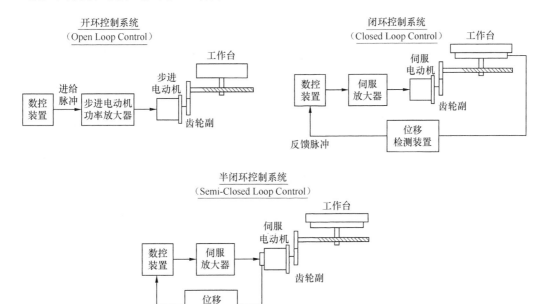

图 7.10 数控机床的控制方式

（1）开环控制系统。它是不带反馈的控制系统，即系统没有位置反馈元件，通常以功率步进电动机或电液伺服电动机作为执行机构。开环控制的数控机床一般适用于中、小型经济型数控机床。

（2）半闭环控制系统。半闭环控制系统是在开环系统的丝杠上装有角位移检测装置，通过检测丝杠的转角间接地检测移动部件的位移，然后反馈给数控装置。半闭环控制数控机床，比开环系统更高的精度，调试比较方便，因而得到广泛应用。

（3）闭环控制系统。它是在机床移动部件上直接装有位置检测装置，将测量的结果直接反馈到数控装置中，与输入的指令位移进行比较，用偏差进行控制，使移动部件按照实际的要求运动，最终实现精确定位。闭环控制数控机床一般适用于精度要求高的数控机床，如数控精密镗铣床。

4. 按控制的坐标轴数分类

（1）两坐标数控机床。它是指可以同时控制两个坐标轴联动而能加工曲线轮廓零件的机床，如数控车床。

（2）三坐标数控机床。它是指可以联动控制的坐标轴为三轴的数控机床，可以用于加工不太复杂的空间曲面，如三坐标数控铣床。

（3）两个半坐标数控机床。这类机床本身有 3 个坐标轴，能向 3 个方向运动，但控制装置只能同时联动控制两个坐标轴，第 3 个坐标轴仅能作等距的周期移动，如经济型数控铣床。

（4）多坐标数控机床。它是指可以联动控制的坐标轴为 4 轴和 4 轴以上的机床，其机床结构复杂、控制精度较高、加工程序复杂，主要用于加工形状复杂的零件，如五坐标数控铣床。

## 7.3.5 数控机床的加工特点

（1）对零件加工的适应性强。通过改变加工程序可对不同零件进行加工，特别适应于目前多品种、小批量、产品更新快的生产特征。

（2）自动化程度高。一般情况下，除了装卸工件外，其他大部分加工过程都由机床自动完成，大大减轻了工人的劳动强度。

（3）加工质量稳定。在加工过程，机床自始至终都在给定的控制指令下工作，消除了操作者的技术水平及情绪变化对加工质量的影响，因而加工质量稳定且一批零件的尺寸一致性好。

（4）生产效率高。数控机床的主轴转速和进给量的范围大，允许机床进行大切削量的强力切削。另外，在加工中心上，由于刀库的使用，可实现在一台机床上进行多道工序的连续加工，大大减少了零件的加工时间和辅助时间，因而生产率高。

（5）利于生产管理现代化：数控机床使用数字信号与标准代码作为控制信息，易于实现加工信息的标准化，目前已与计算机辅助设计与制造（CAD/CAM）有机地结合起来，是现代集成制造技术的基础。

## 7.3.6 数控机床的发展趋势

（1）高速度化。近年来，高速加工机床的发展速度很快，目前主轴转速可达 100 000r/min，进给速度可达 80m/min。

（2）高精度化。精密级数控机床的加工精度可达 0.000 1 mm，表面粗糙度值 $Ra$ 达 0.02 μm。

（3）高智能化。在现代数控系统中，引进了自适应控制技术，可自动控制和优化加工参数，从而使操作者不需具备专门的技能。

（4）高柔性化。数控机床在提高单机柔性化的同时，朝着单元柔性化和系统柔性化方向发展，如柔性加工单元（FMC）、柔性制造系统（FMS）等。

（5）高自动化。自 20 世纪 80 年代中期以来，以数控机床为主体的加工自动化已从"点"的自动化（单台数控机床）发展到"线"的自动化（FMS）和"面"的自动化（柔性制造车间），结合信息管理系统的自动化，逐步形成整个工厂"体"的自动化。

（6）高可靠性。生产厂家通过不断提高数控系统的硬件质量以及促使系统的硬件、软件实现模块化、标准化和通用化，已大大提高了数控机床使用的可靠性。

# 7.4 机器人

### 1. 机器人的由来

机器人是众所周知的一种高新技术产品，然而，"机器人"一词最早并不是一个技术名词，而且至今尚未形成统一的、严格而准确的定义。"机器人"最早出现在 20 世纪 20 年代初期捷克的一个科幻内容的话剧中，剧中虚构了一种称为 Robota（捷克文，意为苦力、劳役）的人形机器，可以听从主人的命令任劳任怨地从事各种劳动。实际上，真正能够代替人类进行生产劳动的机器人，是在 20 世纪 60 年代才问世的。伴随着机械工程、电气工程、控制技术以及信息技术等相关科技的不断发展，到 20 世纪 80 年代，机器人开始在汽车制造业、电机制造业等工业生产中大量采用。现在，机器人不仅在工业，而且在农业、商业、医疗、旅游、空间、海洋、国防等诸多领域获得越来越广泛的应用。

经过几十年的发展，机器人技术已经形成了综合性的学科——机器人学（Robotics）。机器人学有着及其广泛的研究和应用领域，主要包括机器人本体结构系统、机械手设计，轨迹设计和规划，运动学和动力学分析，机器视觉、机器人传感器，机器人控制系统、机器智能等。尽管机器人已经得到越来越广泛的应用，机器人技术的发展也日趋深入、完善，然而"机器人"尚没有一个统一的、严格而准确的定义。一方面，在技术发展过程中，不同的国家、不同的学者给出的定义不尽相同，虽然基本原则一致，但欧美国家的定义限定多一些，日本等国给出的定义则较宽松。另一方面，随着时代的进步、技术的发展，机器人的内涵仍在不断发展变化。国际标准化组织（ISO）定义的机器人特征如下。

仿生特征：动作机构具有类似于人或其他生物体某些器官（肢体、感官等）的功能。

柔性特征：机器人作业具有广泛的适应性，适于多种工作，作业程序灵活易变。

智能特征：机器人具有一定程度的人类智能，如记忆、感知、推理、决策、学习等。

自动特征：完整的机器人系统，能够独立、自动完成作业任务，不依赖于人的干预。

### 2. 机器人的组成

机器人是典型的机电一体化产品，一般由机械本体、控制系统、传感器和驱动器 4 部分组成。机械本体是机器人实施作业的执行机构。为对本体进行精确控制，传感器应提供机器人本体或其所处环境的信息，控制系统依据控制程序产生指令信号，通过控制各关节运动坐标的驱动器，使各臂杆端点按照要求的轨迹、速度和加速度，以一定的姿态达到空间指定的位置。驱动器将控制系统输出的信号变换成大功率的信号，以驱动执行器工作。

（1）机械本体。机械本体是机器人赖以完成作业任务的执行机构，一般是一台机械手，也称为操作器或操作手，可以在确定的环境中执行控制系统指定的操作。典型工业机器人的机械本体一般由手部（末端执行器）、腕部、臂部、腰部和基座构成。机械手多采用关节式机械结构，一般具有 6 个自由度，其中 3 个用来确定末端执行器的位置，另外 3 个则用来确定末端执行装置的方向（姿势）。机械臂上的末端执行装置可以根据操作需要换成焊枪、吸盘、扳手等作业工具。

（2）控制系统。控制系统是机器人的指挥中枢，相当于人的大脑功能，负责对作业指令信息、内外环境信息进行处理，并依据预定的本体模型、环境模型和控制程序作出决策，产生相应的控制信号，通过驱动器驱动执行机构的各个关节按所需的顺序、沿确定的位置或轨迹运动，完成特定的作业。从控制系统的构成看，有开环控制系统和闭环控制系统之分；从控制方式看有程序控制系统、适应性控制系统和智能控制系统之分。

（3）驱动器。驱动器是机器人的动力系统，相当于人的心血管系统，一般由驱动装置和传动机构两部分组成。因驱动方式的不同，驱动装置可以分成电动、液动和气动 3 种类型。驱动装置中的电动机、液压缸、汽缸可以与操作机直接相连，也可以通过传动机构与执行机构相连。传动机构通常有齿轮传动、链传动、谐波齿轮传动、螺旋传动、带传动等几种类型。

（4）传感器。传感器是机器人的感知系统，相当于人的感觉器官，是机器人系统的重要组成部分，包括内部传感器和外部传感器两大类。内部传感器主要用来检测机器人本身的状态，为机器人的运动控制提供必要的本体状态信息，如位置传感器、速度传感器等。外部传感器则用来感知机器人所处的工作环境或工作状况信息，又可分为环境传感器和末端执行器传感器两种类型；前者用于识别物体和检测物体与机器人的距离等信息，后者安装在末端执行器上，检测处理精巧作业的感觉信息。常见的外部传感器有力觉传感器、触觉传感器、接近觉传感器、视觉传感器等。

### 3. 机器人的分类

经过几十年的发展，机器人的技术水平不断提高，应用范围越来越广，从早期的焊接、装配等工业应用，逐步向军事、空间、水下、农业、建筑、服务、娱乐等领域不断扩展，结构形式也多种多样，因此，机器人的分类也出现了多种方法、多种标准，本章主要介绍以下 3 种分类法。

（1）按照机器人的技术发展水平分。按照机器人的技术发展水平可以将机器人分为下面三代。

第一代机器人是"示教再现"型。这类机器人能够按照人类预先示教的轨迹、行为、顺序和速度重复作业。示教可以由操作员"手把手"地进行，比如，操作人员抓住机器人上的喷枪，沿喷漆路线示范一遍，机器人记住了这一连串运动，工作时，自动重复这些运动，从而完成给定位置的喷漆工作。这种方式即是所谓的"直接示教"。但是，比较普遍的方式是通过控制面板示教。操作人员利用控制面板上的开关或键盘来控制机器人一步一步地运动，机器人自动记录下每一步，然后重复。目前在工业现场应用的机器人大多属于第一代。

第二代机器人具有环境感知装置，能在一定程度上适应环境的变化。以焊接机器人为例，机器人焊接的过程一般是通过示教方式给出机器人的运动曲线，机器人携带焊枪走这个曲线，进行焊接。这就要求工件的一致性要好，也就是说工件被焊接的位置必须十分准确。否则，机器人走的曲线和工件上的实际焊缝位置会有偏差。为了解决这个问题，第二代机器人采用了焊缝跟踪技术，通过传感器感知焊缝的位置，再通过反馈控制，机器人就能够自动跟踪焊缝，从而对示教的位置进行修正，即使实际焊缝相对于原始设定的位置有变化，机器人仍然可以很好地完成焊接工作。类似的技术正越来越多地应用在机器人上。

第三代机器人称为"智能机器人"，它们具有发现问题，并且能自主地解决问题的能力。作为发展目标，这类机器人具有多种传感器，不仅可以感知自身的状态，如所处的位置、自身的故障情况等，而且能够感知外部环境的状态，如自动发现路况、测出协作机器的相对位置、相互作用的力等。更为重要的是，能够根据获得的信息，进行逻辑推理、判断决策，在变化的内部状态与变化的外部环境中，自主决定自身的行为。这类机器人具有高度的适应性和自治能力。尽管经过多年来的不懈研究，人们研制了很多各具特点的试验装置，提出大量新思想、新方法，但现有机器人的自适应技术还是十分有限的。

（2）按机器人的机构特征来分。机器人的机械配置形式多种多样，典型机器人的机构运动特征是用其坐标特性来描述的。按机构运动特征，机器人通常可分为直角坐标机器人、柱面坐标机器人、球面坐标机器人、关节型机器人等类型。

① 直角坐标机器人。直角坐标机器人具有空间上相互垂直的 2 根或 3 根直线移动轴（见图 7.11），通过直角坐标方向的 3 个独立自由度确定其手部的空间位置，其动作空间为一长方体。直角坐标机器人结构简单，定位精度高，空间轨迹易于求解；但其动作范围相对较小，设备的空间因数较低，实现相同的动作空间要求时，机体本身的体积较大。直角坐标机器人主要用于印制电路基板的元件插入、紧固螺丝等作业。

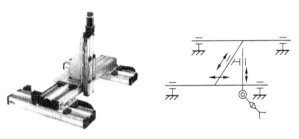

图 7.11　直角坐标机器人

② 柱面坐标机器人。柱面坐标机器人的空间位置机构主要由旋转基座、垂直移动和水平移动轴构成（见图 7.12），具有一个回转和两个平移自由度，其动作空间呈圆柱形。这种机器人结构简单、刚性好，但缺点是在机器人的动作范围内，必须有沿轴线前后方向的移动空间，空间利用率较低。主要用于重物的装卸、搬运等作业。著名的 Versatran 机器人就是一种典型的柱面坐标机器人。

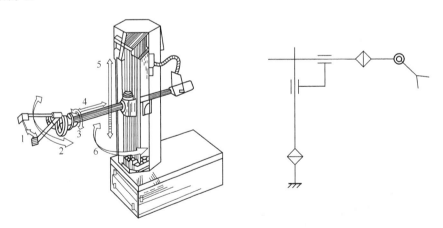

图 7.12　柱面坐标机器人

③ 球面坐标机器人。如图 7.13 所示，其空间位置分别由旋转、摆动和平移 3 个自由度确定，动作空间形成球面的一部分。其机械手能够作前后伸缩移动、在垂直平面上摆动以及绕底座在水平面上转动。著名的 Unimate 就是这种类型的机器人。其特点是结构紧凑，所占空间体积小于直角坐标和柱面坐标机器人，但仍大于多关节型机器人。

④ 多关节型机器人。由多个旋转和摆动机构组合而成。这类机器人结构紧凑、工作空间大、动作最接近人的动作，对喷漆、装配、焊接等多种作业都有良好的适应性，应用范围越来越广。

不少著名的机器人都采用了这种形式，其摆动方向主要有铅垂方向和水平方向两种，因此这类机器人又可分为垂直多关节机器人和水平多关节机器人。如美国 Unimation 公司 20 世纪 70 年代末推出的机器人 PUMA（见图 7.14）就是一种垂直多关节机器人，而日本山梨大学研制的机器人 SCARA（见图 7.15）则是一种典型的水平多关节机器人。

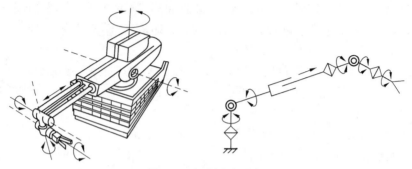

图 7.13　球面坐标机器人

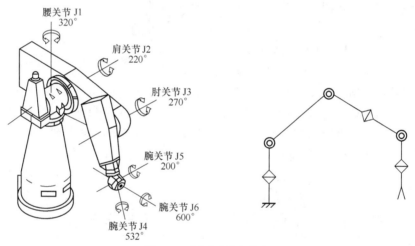

图 7.14　垂直多关节机器人

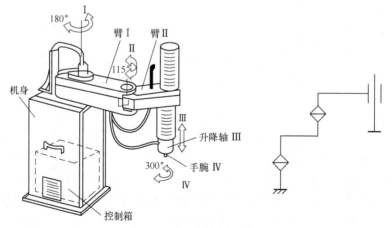

图 7.15　水平多关节机器人

垂直多关节机器人模拟了人类的手臂功能，由垂直于地面的腰部旋转轴（相当于大臂旋转的肩部旋转轴）带动小臂旋转的肘部旋转轴以及小臂前端的手腕等构成。手腕通常由 2~3 个自由度构成。其动作空间近似一个球体，所以也称多关节球面机器人。其优点是可以自由地实现三维空间的各种姿势，可以生成各种复杂形状的轨迹。相对机器人的安装面积，其动作范围很宽。缺点是结构刚度较低，动作的绝对位置精度磨较低。它广泛应用于代替人完成装配作业、货物搬运、电弧焊接、喷涂、点焊接等作业场合。

水平多关节机器人在结构上具有串联配置的 2 个能够在水平面内旋转的手臂，其自由度可以根据用途选择 2~4 个，动作空间为一圆柱体。水平多关节机器人的优点是在垂直方向上的刚性好，能方便地实现二维平面上的动作，在装配作业中得到普遍应用。

（3）按照机器人的用途分。机器人首先在制造业大规模应用，所以机器人曾被简单地分为两类，即用于汽车等制造业的机器人称为工业机器人，其他的机器人称为特种机器人。随着机器人应用的日益广泛，这种分类显得过于粗糙。现在除工业领域之外，机器人技术已经广泛地应用于农业、建筑、医疗、服务、娱乐，以及空间和水下探索等多种领域。

① 工业机器人。工业机器依据具体应用的不同，通常又可以分成焊接机器人、装配机器人、喷漆机器人、码垛机器人、搬运机器人等多种类型。焊接机器人包括点焊（电阻焊）和电弧焊机器人，用途是实现自动的焊接作业。装配机器人比较多地用于电子部件电器的装配。喷漆机器人代替人进行喷漆作业。码垛、上下料、搬运机器人的功能则是根据一定的速度和精度要求，将物品从一处运到另一处。在工业生产中应用机器人，可以方便迅速地改变作业内容或方式，以满足生产要求的变化，例如，改变焊缝轨迹，改变喷漆位置，变更装配部件或位置等。随着对工业生产线柔性的要求越来越高，对各种机器人的需求也就越来越强烈。

② 农业机器人。随着机器人技术的进步，以定型物、无机物为作业对象的工业机器人正在向更高层次的以动、植物之类复杂作业对象为目标的农业机器人发展，农业机器人或机器人化的农业机械的应用范围正在逐步扩大。农业机器人的应用不仅能够大大减轻以致代替的人们的生产劳动、解决劳动力不足的问题，而且可以提高劳动生产率，改善农业的生产环境，防止农药、化肥等对人体的伤害，提高作业质量。但由于农业机器人所面临的是非结构、不确定、不宜预估的复杂环境和工作对象，所以与工业机器人相比，其研究开发的难度更大。农业机器人的研究开发目前主要集中耕种、施肥、喷药、蔬菜嫁接、苗木株苗移栽、收获、灌溉、养殖及各种辅助操作等方面。日本是机器人普及最广泛的国家，目前已经有数千台机器人应用于农业领域。

③ 探索机器人。机器人除了在工农业上广泛应用之外，还越来越多地用于极限探索，即在恶劣或不适于人类工作的环境中执行任务。例如，在水下（海洋）、太空以及在放射性（有毒或高温等）环境中进行作业。人类借助潜水器具潜入到深海之中探秘，已有很长的历史。然而，由于危险很大、费用极高，所以水下机器人就成了代替人在这一危险的环境中工作的最佳工具。空间机器人是指在大气层内和大气层外从事各种作业的机器人，包括在内层空间飞行并进行观测、可完成多种作业的飞行机器人，到外层空间其他星球上进行探测作业的星球探测机器人和在各种航天器里使用的机器人。

④ 服务机器人。机器人技术不仅在工农业生产、科学探索中得到了广泛应用，也逐渐渗透到人们的日常生活领域，服务机器人就是这类机器人的一个总称。尽管服务机器人的起步较晚，但应用前景十分广泛，目前主要应用在清洁、护理、执勤、救援、娱乐和代替人对设备维护保养等场合。国际机器人联合会给服务机器人的一个初步定义是，一种以自主或半自主方式运行，能为人类的生活、康复提供服务的机器人，或者是能对设备运行进行维护的一类机器人。

### 4. 机器人技术的进展

国际上第一台工业机器人产品诞生于 20 世纪 60 年代，当时其作业能力仅限于上、下料这类简单的工作。此后机器人进入了一个缓慢的发展期，直到进入 20 世纪 80 年代，机器人产业才得到了巨大的发展，成为机器人发展的一个里程碑，这一时代被称为"机器人元年"。为了满足汽车行业蓬勃发展的需要，这个时期开发出的点焊机器人、弧焊机器人、喷涂机器人以及搬运机器人 4 大类型的工业机器人系列产品已经成熟，并形成产业化规模，有利地推动了制造业的发展。为进一步提高产品质量和市场竞争能力，装配机器人及柔性装配线又相继开发成功。

20 世纪 90 年代以来，随着计算机技术、微电子技术、网络技术等快速发展，工业机器人技术也得到了飞速发展。现在工业机器人已发展成为一个庞大的家族，并与数控（NC）、可编程序控制器（PLC）一起成为工业自动化的三大技术支柱和基本手段，广泛应用于制造业的各个领域之中。工业机器人技术从机械本体、控制系统、传感系统，到可靠性、网络通信功能的拓展等方面都取得了突破性的进展。机械本体方面，通过有限元分析、模态分析及仿真设计等现代设计方法的运用，机器人操作机已实现了优化设计。以德国 KUKA 公司为代表的机器人公司，已将机器人并联平行四边形结构改为开链结构，拓展了机器人的工作范围，加之轻质铝合金材料的应用，大大提高了机器人的性能。此外，采用先进的 RV 减速器及交流伺服电机，使机器人操作机几乎成为免维护系统。控制系统方面，性能进一步提高，已由过去控制标准的 6 轴机器人发展到现在能够控制 21 轴甚至 27 轴，并且实现了软件伺服和全数字控制。传感系统方面，激光传感器、视觉传感器和力传感器在机器人系统中已得到成功应用，并实现了焊缝自动跟踪和自动化生产线上物体的自动定位以及精密装配作业等，大大提高了机器人的作业性能和对环境的适应性。日本 KAWASAKI、YASKAWA、FANUC 公司和瑞典 ABB、德国 KUKA、REIS 等公司皆推出了此类产品。随着网络通信功能的拓展，日本 YASKAWA 公司和德国 KUKA 公司的最新机器人控制器已实现了与 Canbus、Profibus 总线及一些网络的连接，使机器人由过去的独立应用向网络化应用迈进了一大步，也使机器人由过去的专用设备向标准化设备发展。另外，由于微电子技术的快速发展和大规模集成电路的应用，使机器人系统的可靠性有了很大提高。

除了工业机器人水平不断提高之外，各种用于非制造业的机器人系统也有了长足的进展。农业生产环境的复杂性和作业对象特殊性使得农业机器人研究难度更大，农业机器人的应用尚未达到商品化阶段，但农业机器人技术的研究已经在土地耕作、蔬菜嫁接、作物移栽、农药喷洒、作物收获、果蔬采摘等生产环节取得了一些突破性进展。例如，日本的耕作拖拉机自动行走系统、联合收割机自动驾驶技术、无人驾驶农药喷洒机，英国的葡萄枝修剪机器人、蘑菇采摘机器人和 VMS 挤牛奶机器人，我国的农业机器人自动引导行走系统、蔬菜嫁接机器人，法国的水果采摘机器人，以及荷兰开发的挤奶机器人等。

机器人技术用于海洋开发，特别是深海资源的开发，一直是许多国家积极关注的目标。法国、美国、俄罗斯、日本、加拿大等国从 20 世纪 70 年代开始先后研制了几百台不同结构形式和性能指标的水下机器人。法国的 EPAVLARD、美国的 AUSS、俄罗斯的 MT-88 等水下机器人已用于海洋石油开采、海底勘查、救捞作业、管道敷设和检查、电缆敷设和维护，以及大坝检查等方面。我国在 20 世纪 90 年代中期研制的"CR-01"水下机器人在太平洋深海试验成功，海深达 6 000m以上，使我国在深海探测和探索方面跃居世界先进水平。

近年来随着各种智能能机器人的研究与发展，能在宇宙空间作业的所谓空间机器人成为新的研究领域，并已成为空间开发的重要组成部分。美国、俄罗斯、加拿大等国已研制出各种空间机器人，如美国 NASA 的空间机器人 Sojanor 等。Sojanor 是一辆自主移动车，重量为 11.5kg，尺寸 630～48 mm，有 6 个车轮，它在火星上的成功应用，引起了全球的广泛关注。

服务机器人是近年来发展很快的一个领域，已成功地应用于医疗、家用、娱乐等人类生活的方方面面。作为服务机器人的一个重要分支，医用机器人主要运用在护理、康复、辅助诊断、外科手术等场合。1998 年 5 月德、法两国医生成功利用机器人完成了一例心脏瓣膜修复手术，包括对病人心脏瓣膜的修整和再造。这次手术中使用的是美国直觉外科研究所研制的医用遥控机器人系统。1998 年 6 月，机器人又完成了首例闭胸冠状动脉搭桥手术。机器人技术与外科技术的结合，为病人带来了福音。

可以预见，在 21 世纪各种先进的机器人系统将会进入人类生产、生活的各个领域，成为人类良好的助手和亲密的伙伴。

 雷达跟踪系统

跟踪器是用来跟踪低空和超低空飞机用的。当雷达受到无线电干扰而不能正常工作时，转入光电跟踪。光电跟踪器通过电视跟踪装置对目标进行电视跟踪，同时通过激光测距仪测量目标的距离。

1. 雷达光电跟踪液压伺服系统的技术指标和要求

（1）系统的结构谐振频率不小于 20Hz。

（2）伺服系统的负载为电视跟踪装置一台，激光测距仪一台，以及其他辅助设备共 20kg。

（3）工作范围：方位角为 360°自由旋转；俯仰角为 -5°～+85°。

（4）光电跟踪器的整个外形尺寸：800 mm（长）×600 mm（宽）×1 200 mm（高）。

（5）角速度与加速度。

① 方位角最大角速度 $\beta'_{max}$=2rad/s；方位角最小角速度 $\beta'_{min}$=0.1°/s；俯仰角最大角速度 $\alpha'_{max}$= 2rad/s；俯仰角最小角速度 $\alpha'_{min}$=0.2°/s。

② 方位角最大角加速度 $\beta''_{max}$= 5rad/s²；俯仰角最大加速度 $\alpha''_{max}$ = 5rad/s²。

③ 保精度跟踪角速度 $\beta'$=0.5rad/s；$\alpha'$=0.2°/s。

（6）角跟踪精度。

① 在保证精度跟踪角速度情况下，方位角和俯仰角的跟踪精度：

$$\left.\begin{array}{l} \Delta\beta < 0.2 \times 10^{-3}\,\text{rad} \\ \Delta\alpha < 0.2 \times 10^{-3}\,\text{rad} \end{array}\right\}均方根值；$$

② 引导精度≤0.5°。

（7）工作方式。

① 搜索方式。

② 手控方式。

③ 外引导方式：由光学瞄准具、雷达等外围设备提供数字控制信号（二进制数）。

以上工作方式可在人工干预下完成工作方式的转换。

④ 电视自跟踪方式：线形范围±0.5°，控制电压±5V。

⑤ 伺服系统的角位置用数字显示、最小显示值为"10"，并留有数字输出接口。

⑥ 伺服系统具有安全保险装置。

（8）供电电源使用单相 220V，三相 380V，50Hz。

（9）环境条件：

① 野外环境。

② 每次可连续工作 8h。

**2. 雷达光电跟踪液压伺服系统的特点分析**

（1）从技术指标要求来看，此跟踪系统是一个数/模混合系统，需要通过计算机来闭合。

（2）系统的功率不大，但精度要求非常高。

（3）该系统既要通过电视装置闭合，进行自动跟踪，又要通过位置传感器闭合实现手动控制和外引导。既有模拟量通道，又有数字通道。因此，该系统是一个要求功能十分齐全的系统。

综上所述，该系统的特点是一个高精度的计算机控制的多功能系统，而且系统调速范围很宽。重点要解决的问题是精度和计算机实时控制的有关问题。由于方位和俯仰两个系统的设计原则基本相同，本节仅以方位系统设计为例加以精解。

**3. 雷达无线伺服系统框图**

根据任务的要求，系统的原理框图如图 7.16 所示。由图可知，整个系统以电液伺服阀、液压马达等作为液压驱动机构；以计算机、电子线路等弱电部分作为系统的控制部分。由于系统的精度要求很高，调速范围很宽，采用高增益的宽频带的回路。这个回路不仅能够减小电液伺服阀增益变化和非线性因素对系统的影响，而且能够提高系统抗负载的能力。整个回路是通过计算机来闭合的。

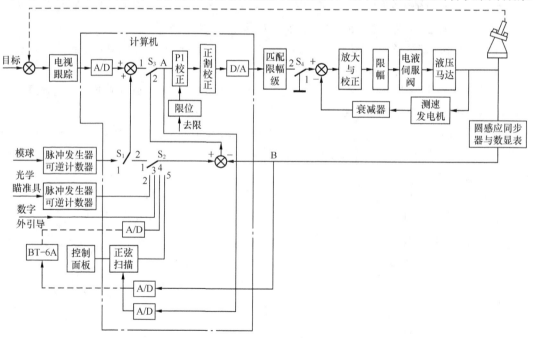

图 7.16  雷达无线伺服系统框图

在图 7.16 中，假如开关 $S_1$ 处于 2 点，$S_3$ 处于 1 点，$S_4$ 处于 2 点位置，系统处于自动跟踪状态，在自动（电视）跟踪状态下，便可通过模球对自动跟踪进行人工干预。这就是说当看到电视机屏幕上电视跟踪装置的十字线离目标比较远（即误差比较大）时，可通过模球发出一个信号来转动转台，将十字线对准目标。

如图 7.17 所示，所谓模球其实就是一个球体，它与方位、俯仰两个滚轮相接触，而这两个滚轮分别与方位和俯仰脉冲发生器连接，于是用手揉动球体，依靠滚轮和球体之间的摩擦力，就可使方位滚轮或俯仰滚轮转动，或者使方位和俯仰两个滚轮同时转动，并带动脉冲发生器产

图 7.17 模球示意图

生一个个的脉冲，其脉冲数反映了滚轮转动角度的大小。这些脉冲通过可逆计数器变成一个数字指令。

当开关 $S_3$ 转到 2 点，$S_1$、$S_2$ 都转到 1 点，这时构成人工手动控制，通过模球的揉动来产生位置指令。

当开关 $S_3$ 转到 2 点，$S_2$ 转到 2 点时，系统处于光学瞄准具导引状态。

当 $S_2$ 转到 3 点，$S_3$ 仍在 2 点时，可以与数字外引导设备相连，构成数字外引导状态，这时输入是一个数字信号。

当 $S_2$ 转到 4 点，$S_3$ 接 2 点时，系统处于测试状态。

当 $S_2$ 转到 5 点，$S_3$ 接 2 点时，系统处于扫描状态，通过控制台面板上按键的操作，实现不同空域、不同频率的扫描。

### 4. 实现方式

本系统通过计算机完成如下几方面的工作。

（1）通过键盘扫描实现方位角自动跟踪（电视跟踪）、手动控制（通过模球）、光学瞄准控制、数字外引导、测试等状态的转换。

（2）通过键盘扫描实现俯仰角自动跟踪、手动控制、光学瞄准控制、数字外引导、搜索、测试等几种状态的转换。

（3）实现方位和俯仰位置回路闭合。

（4）产生正弦摆动的搜索信号，其中：

$-5°\sim+40°$ 范围内产生频率为 0.5Hz、0.25Hz、0.125Hz 3 种频率的正弦信号；

$-39°\sim+85°$ 范围内产生频率为 0.5Hz、0.25Hz、0.125Hz 3 种频率的正弦信号；

$-5°\sim+85°$ 范围内产生频率为 0.125Hz 的正弦信号。

（5）实现方位、俯仰两个支路的 PI 校正。

（6）实现方位角支路的正割校正。

（7）通过软件实现俯仰角的限位。

根据计算机需要完成这些工作所需要的时间和内存容量，采用 BCM-81 单板微型机即可满足要求。此系 8 位机，CPU 为 Z-80A，时钟频率为 4MHz，ROM 为 2～16KB，RAM 为 1 6KB。图 7.18 所示为手控制状态方框图，图 7.19 所示为自动控制状态方框图。

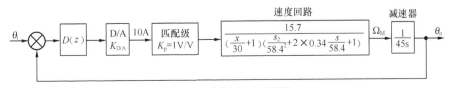

图 7.18 手控制状态方框图

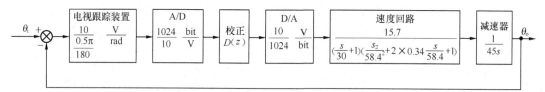

图 7.19　自动控制状态方框图

# 7.6　某光机电一体化实训考核装置

某光机电一体化实训考核装置，如图 7.20 所示，由铝合金导轨式实训台、上料机构、上料检测机构、搬运机构、物料传送和分拣机构等组成。

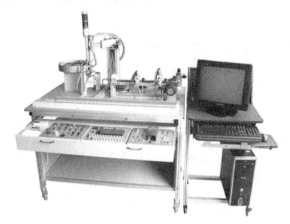

图 7.20　光机电一体化实训考核装置

控制系统采用模块组合式，由 PLC 模块、变频器模块、按钮模块、电源模块、接线端子排和各种传感器等组成。PLC 模块、变频器模块、按钮模块等可按实训需要进行组合、安装、调试。

整机工作过程如图 7.21 所示。

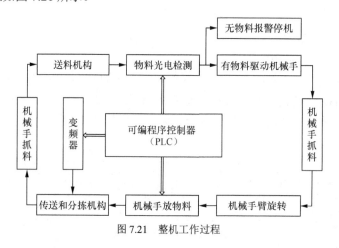

图 7.21　整机工作过程

　　按下启动按钮后，PLC 启动送料电动机驱动放料盘旋转，物料由送料槽滑到物料提升位置，物料检测光电传感器开始检测；如果送料电动机运行 4S 后，物料检测光电传感器仍未检测到物料，则说明送料机构已经无物料，这时要停机报警；当物料检测光电传感器检测到有物料时，将给 PLC 发出信号，由 PLC 驱动上料单向电磁阀上料，机械手臂伸出手爪下降抓物，然后手爪提升、手臂缩回，手臂向右旋转到右限位，手臂伸出，手爪下降将物料放到传送带上，传送带输送物料，传感器则根据物料性质（金属或非金属），分别由 PLC 控制相应电磁阀使汽缸动作，对物料进行分拣。最后机械手返回原位重新开始下一个流程。

# 7.7　某流水线铆接工位自动生产设备

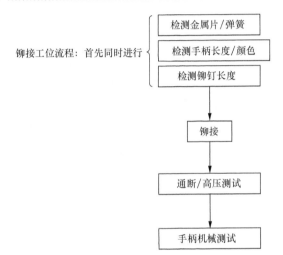

铆接工位流程图如图 7.22 所示

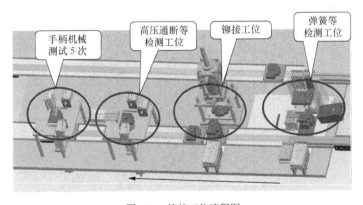

图 7.22　铆接工位流程图

1. 检测流程（检测流程图如图 7.23）

检测流程：感应器检测到工件 → 挡料 → 推料精确定位 ⟨ 检测金属片/弹簧 ／ 检测手柄长度/颜色 → 推出产品 ／ 检测铆钉长度 ⟩

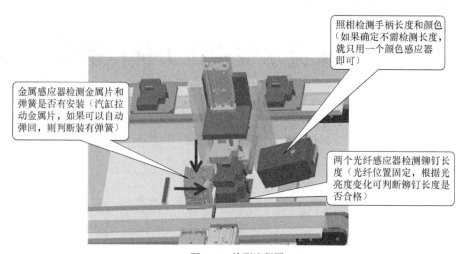

金属感应器检测金属片和弹簧是否有安装（汽缸拉动金属片，如果可以自动弹回，则判断装有弹簧）

照相检测手柄长度和颜色（如果确定不需检测长度，就只用一个颜色感应器即可）

两个光纤感应器检测铆钉长度（光纤位置固定，根据光亮度变化可判断铆钉长度是否合格）

图 7.23　检测流程图

2. 铆接流程（铆接流程图如图 7.24）

铆接流程：感应器检测到工件→挡料→推料精确定位→压工件→铆接→推出工件。

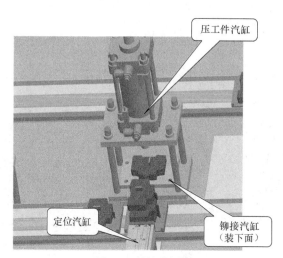

压工件汽缸

定位汽缸

铆接汽缸（装下面）

图 7.24　铆接流程图

3. 测试流程（测试流程图如图 7.25）

测试流程：感应器检测到工件→挡料→夹料/升起精确定位→插入插头进行通断/高压测试。

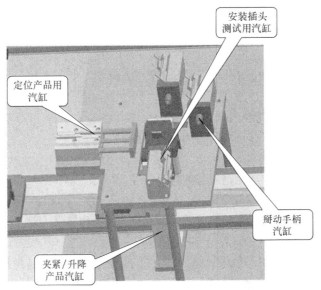

图 7.25　测试流程图

# 小　结

作为机电一体化技术的综合应用章节，本章选取了应用最广、最具代表性和通用性的玩具、家电、数控机床、机器人、考核设备和自动生产线作为讲解对象，主要介绍它们的机械结构、运动学、动力学分析、控制系统、典型应用等内容。

# 思 考 与 练 习

## 1. 判断题

（1）用于智能机器人的传感器可以分为两大类：用于控制机器人自身的内传感器和安装在机械手或移动机器人上的、进行某种操作所需的外传感器。　　　　　　　　（　　）

（2）具体来说，外传感器又可分为视觉传感器、触觉传感器、力觉传感器、接近觉传感器、超声波探测等。　　　　　　　　（　　）

（3）触觉传感器是具有人体皮肤感觉功能的传感器总称。　　　　　　　　（　　）

（4）传统空调器的温度控制由温度传感器感受室内温度变化来控制压缩机的运行和停止，风扇则在设定的速度下进行。　　　　　　　　（　　）

（5）变频调速的关键是如何产生 SPWM 控制信号，以驱动逆变电路的功率开关器件 IGBT。
　　　　　　　　（　　）

（6）数控机床同其他机电一体化产品一样，也是由机械本体、动力源、电子控制单元、检测传感部分和执行机器（伺服系统）组成的。　　　　　　　　（　　）

（7）加工中心是带有刀库和自动换刀装置的数控机床。　　　　　　　　　（　　）

（8）两坐标数控机床指可以同时控制两个坐标轴联动而能加工曲线轮廓零件的机床，如数控车床。　　　　　　　　　　　　　　　　　　　　　　　　　　　　　　　（　　）

（9）机器人是典型的机电一体化产品，一般由机械本体、控制系统、传感器和驱动器 4 部分组成。　　　　　　　　　　　　　　　　　　　　　　　　　　　　　　　　　（　　）

（10）光机电一体化实训考核装置控制系统采用模块组合式，由 PLC 模块、变频器模块、按钮模块、电源模块、接线端子排和各种传感器等组成。　　　　　　　　　　　　（　　）

### 2. 选择题

（1）所谓内传感器就是实现测量机器人自身（　　）的元件。

　　A. 状态功能　　　　B. 记忆功能　　　　C. 免译功能　　　　D. 活动功能

（2）内传感器中，位置传感器和速度传感器也称为伺服传感器，是（　　）反馈控制中不可缺少的元件。

　　A. 机器人　　　　　B. 机床　　　　　　C. 玩具　　　　　　D. 考核装置

（3）（　　）分为二维视觉传感器和三维视觉传感器两大类。

　　A. 视觉传感器　　B. 红外线开关　　　C. 传感器　　　　　D. 开关

（4）超声波可用于（　　）探测远处物体的情况。

　　A. 非接触法　　　B. 接触法　　　　　C. 感应法　　　　　D. 开关

（5）红外遥控发射系统是一个良好的（　　）。

　　A. 人—机交互系统　B. 控制系统　　　C. 遥控系统　　　　D. 开关系统

（6）（　　）是指采用数字化信息进行控制的技术。

　　A. 数字控制技术　B. PLC 控制技术　C. 自动控制技术　D. 继电器控制技术

（7）（　　）为数控机床提供动力的部分，主要使用电能。

　　A. 动力源　　　　B. 机械本体　　　　C. 传感器　　　　　D. 控制系统

（8）（　　）是装备了数控装置的特种加工机床，如数控线切割机床、数控激光加工机床等。

　　A. 数控机床　　　B. 特种数控机床　　C. 特种机床　　　　D. 机床

（9）（　　）是机器人实施作业的执行机构。

　　A. 动力源　　　　B. 机械本体　　　　C. 传感器　　　　　D. 控制系统

（10）机械本体为数控机床的主体，是用于完成各种切削加工的（　　）。

　　A. 动力部分　　　B. 机械部分　　　　C. 传感部分　　D. 控制系统部分

### 3. 填空题

（1）内传感器具体的检测对象有关节的_____、角位移等几何量，速度、_____、加速度等运动量，还有倾斜角、_____、振动等物理量。

（2）_____可以获取景物立体信息或空间信息，_____可以根据物体表面的倾斜方向、凹凸高度分布的数据获取，也可根据从观察点到物体的距离分布情况，即图像距离得到。

（3）机器人超声波探测并非测量超声波本身，而是利用_____测量空间中_____物体的位置或特性。

（4）空调器室内机组软件控制系统的子程序包括_____、_____、_____3 个层次：_____有制冷子程序，除湿子程序，快速、超静子程序，应急控制子程序；_____有风帆速度控制子程序、风门步进电机控制子程序、红外遥控指令输入捕捉中断服务子程序、实时时钟中断服务子程序；_____有串行通信程序、数据采集及滤波子程序、延时子程序、报警提示子程序、模糊推理机等。

（5）变频模糊控制空调器，是将_____测定的实际环境状态和空调系统状态与_____所期望达到的状态进行比较，通过_____技术使空调器控制系统具有自调整的智能特性，从而得出最佳的动态控制参数，并对空调器的变频电源及各执行单元实施控制，使空调器的工作状态随着人们要求的变化和环境状态而_____变化。

（6）用_____对机床的运动及其加工过程进行控制的机床，称作数控机床。

（7）点位控制数控机床：其数控装置只控制机床移动部件从_____移动到另一个位置（点），而不控制点到点之间的_____，_____在移动过程中不进行切削加工，如数控钻床、数控冲床等。

（8）_____指可以联动控制的坐标轴为 4 轴和 4 以上的机床，其机床结构复杂、控制精度较高、_____，主要用于加工形状复杂的零件，如五坐标数控铣床。

（9）第三代机器人称为"智能机器人"，它们具有_____，并且能自主地_____的能力。

（10）按_____，机器人通常可分为直角坐标机器人、柱面坐标机器人、球面坐标机器人、关节型机器人等类型。

### 4．问答题

（1）简要叙述智能玩具机器人上所用到的传感器。

（2）简要叙述变频式空调与传统空调之间的不同点。

（3）简要叙述数控机床的加工特点和发展趋势。

（4）简要叙述数控机床的机器人的种类及其特点。

（5）简要叙述铆接工位的铆接流程。

# 参 考 文 献

[1] 三浦宏文. 赵文珍，王益全，刘本伟，杨晓辉译. 机电一体化实用手册[M]. 北京：科学出版社，2007.

[2] 武藤一夫. 王益全，滕永红，于慎波译. 机电一体化[M]. 北京：科学出版社，2007.

[3] Brian S.Elliott. 王巍，崔维娜译. 机电一体化仪器与设备[M]. 北京：科学出版社，2007.

[4] 余泅. 机电一体化概论[M]. 北京：高等教育出版社，2000.

[5] 高安邦等. 机电一体化系统设计实例精解[M]. 北京：机械工业出版社，2008.

[6] 廖怀平. 数控机床编程与操作[M]. 北京：机械工业出版社，2007.

[7] 赵再军等. 机电一体化概论[M]. 浙江：浙江大学出版社，2004.

[8] 高森年. 赵文珍译. 机电一体化[M]. 北京：科学出版社，2001.

[9] 梁耀光，余文烋. 电工新技术教程[M]. 北京：中国劳动社会保障出版社，2007.

[10] 王信义. 机电一体化技术手册（上册）[M]. 北京：机械工业出版社，1999.

[11] 杨有君. 数字控制技术与数控机床[M]. 北京：机械工业出版社，1999.

[12] 王侃夫. 机床数控技术基础[M]. 北京：机械工业出版社，2001.

[13] 山名宏治. 唐伯雁，杨洋，李大寨，刘荣译. 玩具机器人制作[M]. 北京：科学出版社，2005.

[14] 汤晓君，刘君华. 多传感器技术的现状与展望[J]. 仪器仪表学报，2005（12）.

[15] 袁中凡. 机电一体化技术[J]. 机械、仪表工业，2006（8）.

[16] 张慧玲. 浅谈数字电路的抗干扰技术[J]. 中国科技信息. 2006（7）.

[17] 张燏. 区域供水智能监控网络系统的研究[D]. 广东工业大学硕士学位论文. 2004.

[18] 张威. PLC与变频器项目教程[M].北京：机械工业出版社. 2010.

[19] 许翏. 电机与电气控制技术.北京：机械工业出版社. 2010.